CAT

猫咪的幸福
吃出来

好味小姐（Lady Flavor）　　著
好味营养师品瑄

中国轻工业出版社

图书在版编目（CIP）数据

猫咪的幸福吃出来 / 好味小姐，好味营养师品瑄著 . —
北京：中国轻工业出版社，2020.11
　　ISBN 978-7-5184-3074-1

　　Ⅰ . ①猫… Ⅱ . ①好… ②好… Ⅲ . ①猫 – 饲养管理
Ⅳ . ① S829.3

中国版本图书馆 CIP 数据核字（2020）第 122522 号

责任编辑：贾　磊　王昱茜　　责任终审：劳国强
整体设计：锋尚设计　　　　　责任校对：朱燕春　　责任监印：张　可

出版发行：中国轻工业出版社（北京东长安街6号，邮编：100740）
印　　刷：北京博海升彩色印刷有限公司
经　　销：各地新华书店
版　　次：2020年11月第1版第1次印刷
开　　本：710×1000　1/16　印张：8
字　　数：150千字
书　　号：ISBN 978-7-5184-3074-1　定价：38.00元
邮购电话：010-65241695
发行电话：010-85119835　传真：85113293
网　　址：http://www.chlip.com.cn
Email：club@chlip.com.cn
如发现图书残缺请与我社邮购联系调换
200105S6X101ZYW

养只猫，做顿饭，一起过日子

跟猫咪学习做料理!

从第一本食谱书出版到现在已经两年多，我们家的猫咪也从三只猫变成了六只猫!

第一本食谱我们希望从简单易懂的角度，让大家不要害怕自己动手做猫鲜食，所以食谱大多是美丽有趣的点心。两年过去了，大家应该都已经更了解猫鲜食了吧! 所以第二本食谱我们将猫鲜食作为主食，来跟大家分享更日常的猫鲜食。

"短裤"爱挑食的坏习惯，让我们踏上自制猫鲜食之路。短裤最挑食的时候甚至只吃特定品牌的干猫粮，连重口味的海鲜类副食罐头都爱吃不吃，为了改善他的挑食问题、保持健康的身体，转换饮食变得势在必行! 还好经过两个多月的渐进式转食，地狱挑食猫短总也成功转食成全鲜食，所以我们相信大家的猫咪一定也可以!

后来"蛋卷"、"麻糊"到我们家，他们两个真的是饮食上最天使的猫咪了，不挑食、食欲也很好，每次要尝试新食材或是没做过的料理形式，都可以在他们两个身上找到信心! 虽然他们都不太挑食，但还是各自都有比较喜欢跟不喜欢的食材。

草食族蛋卷超爱吃有脆脆口感的蔬菜，但是如果汤汤水水太多，虽然也可以接受，但是就会发现他这一餐吃得比较慢、比较少，偶尔看到料理端出来的时候，甚至会抬头用疑惑又带点哀怨的眼神看我!

软萌麻糊则是更偏爱口感柔软好入口的食材跟料理形式，像是几次做肉泥的经验发现，麻糊对泥状料理有深深的偏爱! 但是几乎什么都爱的麻糊，就不喜欢带点酸味的番茄，如果做了加番茄的料理，麻糊那天都要过很久才会去吃饭。

从他们两个身上可以完全感受到，就像我们人一样，每个人、每只猫都有自己的饮食偏好，顺着他们的喜好不但可以偷偷讨好猫咪，还能让他们更爱吃饭。

最后来的"米香"一家，更是带来很多让食物制作变得多元的机会。米香到我们家的时候是待产的准妈妈，我们马上开始研究怎么样能把猫咪孕妈照顾好、做什么料理更适合产后的猫咪? 小猫出生后也要配合小猫们的生长变化制作合适的料理，多亏了他们让我的料理经验等级快速得增加不少。

这两三年来跟大家一起度过了这些美好的时光，很开心有机会可以透过食谱来跟大家交流与分享，希望通过这本书，可以让更多猫奴与猫咪们过上更幸福、健康的日子，一起体会到"养只猫，做顿饭，一起过日子"的美好。

和猫咪一起健康过日子

爱吃鬼是我从小到大的代名词，也因此才选择了跟饮食有深深羁绊的营养师这条路，希望让身边的人们及心爱的猫咪们都能吃得开心、营养均衡。

不良的饮食为百病之根源，想要健康就必须先从"吃"下手！由于猫咪饮食较许多宠物严谨许多，需要投注更多心力去照顾，但猫咪营养这块的信息尚未完善，许多家长准备猫咪鲜食时往往不知道如何搭配并添加足够营养，让猫咪处于营养缺乏的健康风险之中。

为了照顾更多猫咪并减低料理鲜食的难度，我们精心设计了营养完善的主食食谱，除了简化料理复杂度外，每道餐点都有进行详细的热量估算及营养分析，并给予适宜的营养粉添加建议，让家长省去开菜单的麻烦，希望能提升家长们制作鲜食的容易度，就算是不常做菜的人也能轻松煮出营养均衡的鲜食料理喔！

好味营养师 品瑄

轻松让猫咪得到足够的饮水量

转眼间，替好味小姐写第一本序已经过了两年，看着好味小姐努力在猫咪鲜食方面借助各方进行推广与创新，非常佩服在好味小姐的坚持下，又有更多猫朋友加入这美妙的鲜食世界。

猫咪饮食在近年来通过诸多研究有了相当程度的变化，加上更多对于猫咪食性及营养的了解，在临床医学上认为，补充水分摄取对于猫咪饮食已经是公认的重要一环，然而现代家猫的饲养方式往往为了猫咪水分摄取问题而令人头痛。

所以目前的猫咪食物已经往富含水分的方式前进，大家无所不用其能，就是只求摄取的水达到正常量。看到好味小姐新增了许多很棒的食谱，不光是看来色香味俱全，连自己的猫咪们都很捧场。其中食谱之一，猫羊肉炉，看上去一整碗的汤量十足，绝对是寒冷冬天的好选择。另外简单易上手的炖牛肉，丰富的牛肉蛋白质加上汤汁，轻松就可以让猫咪得到足够的饮水量。

通过这本食谱的每一页，相信各位宠猫人士都可以看出好味小姐的用心，用心做好食物，用心与猫过好日子。

欧阳铭文
台湾欧阳动物医院院长

目录 —————

蛋卷　好味家·大暖男
网红蛋卷最喜欢吃蔬菜

短裤　好味家·大帅哥
总裁短裤最讨厌吃蛋

麻糊　　好味家·小公主
　　　　软萌麻糊什么都爱吃

米香　好味家·大美女
米香大美女不爱喝汤

本丸 好味家 · 小男生
本丸小屁孩吃饭好慢

橘皮　好味家·小宅男
妈宝橘皮越来越不挑

做鲜食前看这边

　　猫咪应该要吃什么？要吃多少？做鲜食前先看这边，
了解猫咪的饮食特性跟营养需求。
　　学习渐进式的饮食转换方式，让猫咪爱上鲜食！

猫咪的饮食特性

在开始做鲜食之前，我们要先了解猫咪的饮食特性，什么食物对猫咪来说是营养健康的呢？

严格的肉食动物

不同于杂食性的人类与狗狗，猫咪是严格的肉食性动物！应该以肉类，也就是蛋白质与脂肪为主食。由于缺乏足够的碳水化合物消化酵素，猫咪不能有效率的从米饭、蔬果等食材获得营养，所以猫鲜食料理都以肉类为主食，地瓜、南瓜等根茎蔬果只能少量搭配喔！

天生不爱喝水

猫咪属于耐旱的动物，天生不太喜欢主动喝水，主要是从食物中摄取水分。因此在猫咪日常的饮食中（特别是以干猫粮为主食者），需要特别注意食物中的水分含量，避免猫咪长期饮水不足，造成各种身体问题！

挑食 VS 喜爱尝试

研究显示猫咪并非天生挑食的喔！如果长时间给予猫咪相同猫粮，猫咪就会对这种猫粮情有独钟，进而给人挑食的印象。如果时常转换食物，或给予多元的食物选择，猫咪是很乐意尝试新味道的，甚至会喜新厌旧呢！

我最不挑食了~

猫咪一餐要吃多少

猫咪一餐要吃多少才够呢？在开始做鲜食前要先学习计算猫咪热量需求，不然猫咪会越来越胖喔！

猫咪热量需求计算

猫咪一日热量需求的计算公式为：
RER（猫基础代谢能量）×能量需求系数
RER=（猫咪体重千克×30）+70

猫能量需求系数表

幼年猫		2.5	
成年猫			
未绝育	1.4		
已绝育平均	1.2	已绝育好动	1.4
微胖、低运动量	1.0	过重、需减肥	0.8
怀孕期间	1.6~2.0	哺乳期间	2.0~6.0

蛋卷示范

蛋卷6千克，蛋卷RER=（6×30）+70=250
蛋卷是已绝育的成年猫，猫能量需求系数为1.2
蛋卷一日所需热量=250×1.2=300千卡

如果一天吃两餐的话，一餐平均就要有150千卡喔！
（计算好麻烦？附录中有计算好的参考表喔！）

计算热量要注意！

通过公式可以快速知道猫咪一天所需热量的大概数字，但其实不用太执着于热量的计算，因为每只猫咪体质不同，生活习惯也不一样，热量需求跟食欲都会有波动。以这个简单公式为起点，观察猫咪的食量与体重变化调整分量，从实际经验中调整，一定比公式更符合猫咪需求！

猫咪一天要喝多少水

充足的水分能帮助猫咪维持身体健康！
猫咪一天需要的饮水量为：猫咪体重千克×60毫升

大家都会担心猫咪的饮水量不足，但如果以猫鲜食等湿食为主食的话，猫咪在吃饭的过程就会摄取大量水分，让猫咪吃含有丰富水分的湿食，才是补充水分最好的办法！

为什么做鲜食

短裤是我们养的第一只猫，就像所有第一次养猫的新手猫奴，一开始我们也是喂短裤吃干猫粮，慢慢的我发现，短裤变得越来越挑食，后来甚至只吃特定品牌的干猫粮，拒绝所有的湿食选择。后来健康检查时发现，短裤肾脏功能相关的指数都不太理想，医生指出可能与挑食和水分摄取不足有关。

为了改善短裤的身体状况跟挑食的坏习惯，我开始研究做鲜食，想让猫咪吃得更健康，同时也想让它养成好的饮食习惯！根据这几年的猫鲜食经验，我觉得猫鲜食带来了几个明显的好处：

摄取充足的水分

新鲜的食材都含有丰富的水分，在日常吃饭中就可以让猫咪摄取大量水分，从猫咪的尿团大小就能看到明显的变化，不用再天天担心猫咪不喝水。

猫咪变得不挑食

已经有研究显示，只要时常帮猫咪转换食物，猫咪是不会挑食的！这个研究在我们家再次验证，经过一小段时间的转食，短裤从只吃干猫粮变成愿意吃鲜食，我们也时常搭配不同食材，为鲜食做变化！久而久之，短裤已可接受多样的食材了！

稳定的体重控制

自制鲜食可以使用适合猫咪的食材、配合猫咪的喜好并根据身体需求设计，以新鲜肉类为主的食谱，能让猫咪维持稳定体重不发胖。

有弹性的饮食选择

自制猫鲜食能随着猫咪身体的变化调整饮食，像是麻糊拉肚子、蛋卷口炎拔牙、米香坐月子时，都能依据猫咪当时的饮食需求搭配餐点，又由于猫咪养成了不挑食的好习惯，饮食的变化也不会造成猫咪的生理及心理压力。

与猫一起做料理

做饭给猫咪吃本身就是一件治愈又开心的事情啊！当开始做饭给猫咪后，觉得自己更了解自己的猫，与猫咪一起做饭的过程也让我们跟猫咪更亲近，有更多相处的时间，和猫咪的感情也越来越好了！

本书的目标

通过这么多年做猫鲜食、拍食谱影片的经验，我们也搜集了许多粉丝朋友的看法，发现大家都想要给猫咪更好的饮食选择、想要做鲜食给猫咪吃，但总是因为工作繁忙没时间、担心自己做不好、担心料理营养不均衡、担心搞不懂复杂的营养添加品，综合许多的因素让大家却步，所以我们希望这本食谱可以帮助大家"轻松料理""营养均衡"的"猫鲜食正餐"！

本食谱特点

（1）公开好味家日常猫饭食谱

用简单易得的食材、快速方便的处理方式，轻松制作猫咪的每一餐！

（2）简单又便宜的优质日常猫饭

想不到这么便宜，就能让猫咪吃到优质健康的一餐，厨房新手也能瞬间上手。

（3）食谱与营养师合作设计

专业营养师依据NRC（美国国家科学研究委员会）、AAFCO（美国饲料管理协会）等猫营养需求设计食谱，让猫咪吃得营养又健康！

（4）配合"好味猫鲜食综合营养粉"设计

特别开发适合猫鲜食料理使用的鲜食营养补充品，不需要搞懂复杂的营养添加品，一罐搞定！轻松做出营养均衡猫鲜食料理！

（每道食谱仍有计算各别添加营养品所需分量）

自制猫鲜食必需营养补充品 （好味营养师 品瑄）

如果要以自制猫鲜食作为猫咪的日常主食，记得一定要额外添加营养补充品，因为许多猫咪必需的营养成分，例如钙质、牛磺酸、铁、锌等，在骨头或是内脏中含量较高，但市场上不好取得，也很难被运用在日常的料理中，所以必须额外补充！

以下介绍两种营养添加方式：

添加"好味猫鲜食综合营养粉"

猫咪饮食中容易摄取不足的营养品主要有钙质、牛磺酸、铁、锌及 B 族维生素等等，到底该加多少、如何选择往往成为大家准备鲜食时最为困惑的部分。为了让准备鲜食更方便、减少大家的负担，不用担心复杂的营养添加品，所以我们与营养师、兽医师一起研发了"好味猫鲜食综合营养粉"。

参照NRC（美国国家科学研究委员会）、AAFCO（美国饲料管理协会）及FEDIAF（澳洲宠物食品工业协会）针对猫咪的营养素建议标准设计，符合猫咪基本需要，除了加入必需的钙质、牛磺酸外，也含有各种维生素C、B族维生素、脂溶性维生素A、维生素D、维生素E及维生素K与饮食中容易缺乏的矿物质铁、锌、碘等。

只要按照食谱建议量添加，就能补充足够营养需求量，让做猫鲜食简简单单！

分别添加各种营养补充品

钙质

钙质是帮猫咪准备鲜食最重要的营养补充品，野外的猫咪主要以猎捕小动物为生，可以从咬碎的骨头中补充需要的钙质，但家中饲养的猫咪饮食都以市场或超市可购买的食材为主，通常不会混合碎骨，所以补充钙质就必须依赖额外添加。

依据AAFCO（美国饲料管理协会）、NRC（美国国家科学研究委员会）猫狗营养需求的建议"饮食中的钙磷比应介于1：1~1.5：1"之间，一般4千克成年猫，一日两餐则每餐建议添加150~200毫克的钙质。

市售钙粉形式琳琅满目，有碳酸钙、柠檬酸钙、乳酸钙、海藻钙或是自制骨粉等，最需要留意的是每单位化合物中所含的"钙元素"多少，假设柠檬酸钙的含钙量为21%，即1克（1000毫克）的柠檬酸钙中则有210毫克的钙元素，所以只要看清楚食品标示就可以计算其中钙元素的含量来给予猫咪所需的量，其实每种钙粉都可以作为鲜食补充喔！

牛磺酸

牛磺酸是组成蛋白质原料氨基酸的一种，由于猫咪体内无法自行制造只能从食物中摄取，因此是猫咪的"必需氨基酸"，牛碘酸主要协助猫咪维持视力、心脏及生殖健康，也参与肝脏中的胆盐生成、协助脂肪消化，长期缺乏可能会造成消化不良、扩张型心肌病、视网膜退化等问题，所以与钙质同为鲜食中的必备营养品。

牛磺酸主要来自动物性的食材，像是家禽类的肝脏、贝类、海鱼含量都很丰富，但因为牛磺酸为水溶性，经烹煮加热易从食材中流失，因此更有额外添加的必要性。

4千克健康成猫建议每天补充300~400毫克的牛磺酸，为了有较好的吸收率建议平均于各餐添加，建议一天两餐，每餐给予150~200毫克的牛磺酸。由于牛磺酸属于水溶性氨基酸，所以摄取过多不易产生副作用且会经由尿液排出，所以不用担心补充过多，反而摄取不足造成的健康问题比较需要注意喔！

至于加热到底会不会破坏牛磺酸呢？根据研究显示牛磺酸要加热至200~300℃才有被破坏的可能，只有借由高温高压制作的干饲料才有可能达到如此高温，而一般鲜食烹调温度顶多80~100℃。比较需要注意的是牛磺酸在经过加热后会变得更容易溶于水，导致牛磺酸从食材中流失于肉汤中，所以建议在供应鲜食时最好连料理中的汤汁一并给予，这样既能提升水分摄取又能把流失的牛磺酸吃回去！

猫用综合营养粉

　　世界卫生组织（WHO）将长期的维生素及矿物质摄取不足定义为"隐性饥饿"，而隐性饥饿会造成代谢异常、免疫力下降而容易生病等，所以猫咪也跟人类一样都需要留意维生素及矿物质的补充！

　　许多维生素来自于猫咪较少摄取的谷物及蔬菜水果中，如维生素C、维生素B_1、维生素B_6、维生素B_9、维生素B_3等，虽然是非必需营养素但长期缺乏会使猫咪有营养缺乏的症状出现，如毛发失去光泽、容易有皮屑、无精打采等。矿物质广泛分布于动植物食材中，常见的有铁、锌、镁、碘等，不同的矿物质缺乏出现的症状也会有所不同，如缺铁容易贫血，缺锌可能影响食欲、免疫力下降或伤口不易愈合，尽管像红肉铁质丰富、海鲜锌含量高，但是单靠食物的补充也有可能造成营养素摄取不足，所以适量补充猫用综合营养粉可以避免这种状况。

　　市售综合营养粉选择很多，由于猫咪生理特性及各营养素的需求与人及狗狗不同，建议一定要挑选猫咪专用，并依照产品指示进行添加。

推荐保养品

除了鲜食必备的综合营养品，我们还会定期帮猫咪们补充鱼油和益生菌：

鱼油

鱼油富含EPA及DHA（主要成分为Omega-3不饱和脂肪酸），有助于猫咪心血管健康、缓和发炎反应，主要来自深海鱼类，一般青贝、油质丰富的鱼种含量最多，常见的有鲭鱼、秋刀鱼、三文鱼、鲔鱼等。但由于脂肪热量相对较高，较不建议整餐都以这类食材制作，否则猫咪容易摄取过多热量而发胖，因此建议额外给予鱼油补充。

该如何补充鱼油呢？事实上鱼油并非每日必需添加的营养品，建议一周给予1~2次，每次200~400毫克。最后需要提醒大家，不饱和脂肪酸加热后的稳定性较差，建议料理烹调完放凉之后再加入，此外也可以额外添加"维生素E"或购买添加维生素E的鱼油，这样能够增加脂肪的稳定性，避免鱼油氧化而减低营养价值。

益生菌

益生菌泛指可改变菌相平衡、对健康有益的菌群，能与致病菌竞争生存环境及调整肠道菌群的平衡。因此补充益生菌可增加猫咪肠道有益菌数量，帮助消化并协助肠道蠕动，对于排便不顺或腹泻，使有益菌流失的猫咪能减缓不适、早日恢复肠道正常功能。

如同鱼油，益生菌也非猫咪必需营养，是属于保养性质的营养补充品，一般在猫咪出现消化不良、便秘的情形时可以给予，而有些肠道较为敏感或年纪大肠道蠕动减缓的猫咪，建议可以作为日常必备的营养补充品，以维持肠道健康顺畅。最后还是要提醒大家，益生菌不耐高温，一定要等食物放凉后再添加喔！

猫咪转食教学

转食并不难！跟着我们的一起做，大家都可以顺利帮猫咪转食喔！

定时定量

自助喂食的猫咪通常对食物比较没有欲望，也容易造成猫咪肥胖的问题，如果工作时间忙碌，建议选择一天中的一餐，改为定时定点的喂食方式，让猫咪养成定时吃饭的好习惯！

找到猫咪爱的味道

每只猫咪都有自己的喜好，尝试多种食材少量饲喂，观察猫咪的反应，找到猫咪偏好的食材，利用猫咪的喜好与其他食材搭配，让猫咪更愿意接受鲜食。

与原食物混合

对于长期吃干猫粮的猫咪，刚接触鲜食时，常常会不知道鲜食是食物。先将鲜食少量与原本的食物混合，让猫咪愿意尝试，再慢慢提高鲜食比例。

好吃的我才吃！

持续尝试不放弃

　　依据我们的经验，猫咪对新食物的接受度，会随着心情、环境时常改变，如果一开始猫咪不愿意吃鲜食也不用气馁，换种食物过几天再试一次，也许就会成功啦！

特殊体况饮食建议

肾脏病

肾脏病是猫咪最常见的慢性疾病之一，而慢性肾脏病为不可逆疾病，有肾脏病的猫咪除了需配合医师诊断进行治疗外，适当的饮食也有助于延缓病情发展，一般来说经由医生诊断依IRIS*分期为第二期以上的猫咪才需特别给予肾病饮食，饮食要注意五大原则：

（1）足够水分摄取
充足的水分才能稀释尿液中的废弃物，减轻肾脏负担。

（2）适度蛋白质
蛋白质代谢物过多会增加肾脏排泄的负担，故需依照医生指示给予。

（3）选择优质高生物价蛋白质肉类
高生物价蛋白（对猫而言指肉类蛋白质）吸收效率高，相对排除的废弃物较少，对于肾脏负担较轻。

（4）限制饮食中的磷含量
选择磷含量较少的肉类如蛋白、鸡里脊为鲜食食材。

（5）足够热量，维持正常体重
热量不足会导致肌肉中蛋白质流失，造成肾脏代谢负担。

*IRIS：为世界兽医师肾病协会。

糖尿病

糖尿病是家猫常见疾病之一，主要病因为不良饮食习惯、肥胖或内分泌异常导致。这类猫咪的饮食目标在于维持血糖稳定，饮食上其实跟健康猫咪的饮食建议相似，饮食原则有：

（1）低碳水化合物饮食
影响血糖的营养素主要来自于碳水化合物，碳水化合物占热量百分比应低于10%。

（2）固定进餐时间
有助于维持血糖稳定，也能控制猫咪的食量。

（3）适量补充高纤维的食物
水溶性纤维被认为有助于协助血糖稳定。

（4）维持健康体重

有肥胖问题的猫咪会增加血糖控制的难度，因此必须控制体重。

下泌尿道疾病

泌尿道疾病是一个广泛的通称，通常包含多种疾病，常见的有自发性膀胱炎、细菌感染、尿结石等，会造成猫咪排尿困难、出现尿结晶、结石、甚至血尿，但大部分下泌尿道疾病皆能借助"多喝水"来舒缓不适，饮食上以多补充水分为主要原则。补水建议：

（1）选择高水分的食物

可以替猫咪制作鲜食让猫咪从食物中就能补足大部分的水，一般肉类中含有70%以上的水分，烹调过程中流出的肉汁也可以一并喂给猫咪，提升水分的摄取量。

（2）提升猫咪饮水量

除了提高换水频率，也可选用流动给水器或偶尔给些有味道的水（如添加猫薄荷）来吸引猫咪喝水、平常制作鲜食的高汤，也能再加点水让猫咪补充。

胰脏炎

猫咪胰脏炎主要以慢性胰脏炎居多，可能会出现长期消化不良而容易腹泻、腹痛，严重时甚至会影响胰脏内分泌细胞，造成血糖调控异常增加患糖尿病的概率，饮食目标就是要降低胰脏消化食物的负担并维持猫咪体力，应符合高蛋白、适量脂肪及低碳水化合物原则：

（1）优质蛋白质

选择脂肪较低的瘦肉来源做主食，如鸡肉、鱼肉及油分较少的牛肉。

（2）必需脂肪酸给予

饮食中脂肪含量较低，可能会有必需营养缺乏问题，可以添加鱼油补充。

（3）补充脂溶性维生素

若饮食中脂肪较低则需注意维生素A、维生素D、维生素E、维生素K的补充。

（4）限制碳水化合物

在胰脏发炎期间，要避免增加胰脏消化碳水化合物的负担。

（5）定时定量

固定进餐时间有助于维持胰脏分泌功能的稳定。

心脏病

猫咪心脏病的病因有很多，很多时候跟心血管疾病与肥胖有很大的关系，除了依照医生指示治疗外，饮食也能给予很大的帮助，维持心血管健康的饮食原则有以下几种：

（1）提高牛磺酸的摄取
4千克猫咪建议一天补充300豪克以上，平均各餐给予，维持心肌正常运作。

（2）限制钠摄取量
饮食中不需额外加盐。

（3）补充不饱和脂肪酸
鱼油含EPA及DHA有助于保护心肌细胞。

（4）维生素E补充
给予不饱和脂肪酸时建议补充维生素E，可提升保护心血管的作用。

口炎

免疫问题或口腔保健不够完善都容易造成口炎发生，猫咪牙龈或口腔内膜出现发炎情形往往会造成极大疼痛、流口水、不敢把嘴巴张开而影响食欲，除了需配合医生治疗并进行口腔清洁外，饮食上应以增进猫咪食欲、补充抗发炎营养为原则：

（1）选择好入口的料理
肉泥、羹类等清淡质地软的料理。

（2）补充不饱和脂肪酸
可以补充鱼油，鱼油富含EPA及DHA有助于对抗发炎反应。

（3）维生素E补充
给予不饱和脂肪酸时建议给予维生素E，可增加脂肪稳定性。

腹泻

猫咪腹泻原因有很多，生病、感染、过敏或吃坏肚子等都有可能导致，成年猫咪有时出现突发性的腹泻只是对食物一时不适应，可先观察并调整饮食、环境，如果没有改善就需先禁食并及早就医查明原因喔！猫咪腹泻的饮食建议有：

（1）选择好入口的料理
了解是否吃到不干净的食物，或确定是否为细菌、病毒感染才能对症下药。

（2）足够的水分补充
腹泻易脱水导致电解质流失，可帮助猫咪准备含水量高的肉泥、羹汤料理。

（3）益生菌补充
腹泻会导致肠道菌群破坏，补充益生菌有益恢复肠胃菌群生态。

便秘

饮食变化、吃进过多毛球、情绪紧张或运动量不足都有可能造成猫咪便秘，而猫咪排便不顺畅就容易因过度用力导致肛门受伤，肠道蠕动下降也可能导致腹胀而引起食欲下降，猫咪便秘饮食建议有：

（1）增加食物中的水分
给予含水量高的汤类料理，有助软化粪便。

（2）足够的蔬菜摄取
蔬菜中的膳食纤维可以与水分一同增加粪便体积，使排便更顺畅。

（3）益生菌补充
调理肠道菌群生态有助促进肠胃蠕动。

猫不能吃的食材

葱、蒜、洋葱、辛香料

　　这类食材容易造成猫咪贫血与相关并发症，但却是人类日常料理常会大量使用到的食材，建议大家可以另外准备一套制作猫鲜食专用的砧板，避免砧板上残留的辛香料污染。

葡萄、葡萄干

　　曾有案例纪录猫咪误食而造成肾脏衰竭与中毒反应，因此建议葡萄相关产品都不要喂食喔。

牛奶

　　一般牛奶中含有大量乳糖，容易造成猫咪腹泻。制作成不含乳糖的乳制品，例如酸奶、乳酪之后猫咪就可以食用啦！

生蛋清

　　生蛋清中的卵白素会阻碍生物素的吸收，造成生物素缺乏。卵白素在加热后就会被破坏，所以猫咪吃鸡蛋要吃全熟的喔！

食谱使用说明

料理成品照及猫咪享用美照~

难易度

依照食材取得、制作过程的难易度区分，建议新手可以从一只猫的食物制作开始入手喔！

难易度 🐾 🐾 🐾

好味家的鸡肉饭

好味小姐
这是我们家最常准备的料理了！鸡肉的价格很稳定而且到处都可以买到，作为猫咪的日常主食来说，经济实惠又很好准备，强烈推荐！

好味营养师
鸡肉是猫接受度很高的肉类，很适合初尝鲜食的猫咪。鸡肝含有丰富的天然铁元素及维生素A、维生素D，搭配木耳可以补充膳食纤维，是很好的常备料理！

36

好味小姐和营养师的话

针对不同料理分享有关做法或猫咪反应的心得；营养师简介制作使用食材所含有的营养成分、料理的特点。

制作时间及参考价格

备料时间包含去皮、分切等食材处理；烹饪时间包含加热、放凉与后续盛盘、分装。价格依照市场实时售价计算一餐花费的金额，包含食材与须添加的营养粉。

食材分量

料理所需的食材分量，多数为一餐份，部分料理为两餐或十餐，需特别注意。

营养补充品

针对料理计算营养成分后，依照AAFCO（美国饲料管理协会）、NRC（美国国家科学研究委员会）等猫咪营养需求建议，标示所需添加的营养成分及分量。

方案一

直接添加好味猫鲜食综合营养粉，以包装内所附汤匙计算（1匙约为1克）。

方案二

分别添加猫咪所需的营养品，包含钙质、牛磺酸与市售猫用综合营养粉（依包装指示添加）。

⏱ 备料时间20分钟 · 烹煮时间20分钟　　　💲 参考价格 食材4.3元+营养品1.9元

🥩 **食材**（10餐份）

鸡胸肉 800克
鸡肝 100克
黑木耳 150克
橄榄油 25克

⚖ **营养补充品**（1餐份）

方案一
好味营养粉 1.5匙

方案二
牛磺酸 150.0毫克
钙质 200.0毫克
铁质 1.8毫克
锌 1.8毫克
综合维生素 依产品指示

🥄 **跟着做 好味家的鸡肉饭**

1. 将鸡胸肉、鸡肝、黑木耳切成猫咪好入口的小丁备用；
2. 使用平底不粘锅倒入橄榄油，依序加入食材翻炒，加入少许清水煮至熟透；
3. 依照猫咪1餐所需分量分装、冷藏（建议1周内食用完毕）；
4. 食用前微波或蒸煮稍微加热至温热；
5. 放凉加入营养粉搅拌均匀盛盘。

📋 **一餐营养分析** 约95克，热量122.0千卡

	分量		分量
蛋白质	20.0克	膳食纤维	126.0毫克
脂肪	3.5克	钠	50.0毫克
碳水化合物	1.6克	磷	199.0毫克
水分	82.5克	牛磺酸	150.0毫克 ↑
		钙磷比	1.01：1

含水营养比例
75.7%　18.3% 3.3% 1.5%

脱水（DM）营养比例
75.2%　13.5% 6.0%

水分　蛋白质　脂肪　碳水化合物

37

制作步骤说明

含水营养比例

包含水分的三大营养素（蛋白质、脂肪、碳水化合物）重量比例分析，方便与市售主食罐头对比。

（因未标示灰分比例，故数值加总未达100%）

一餐营养分析

由营养师计算，个别料理添加完营养品后的营养分析（使用好味猫鲜食综合营养粉）。

脱水（DM）营养比例

料理去除水分（DM，Dry Matter）的三大营养素（蛋白质、脂肪、碳水化合物）重量比例分析，方便与市售干猫粮对比。

（因未标示灰分比例，故数值加总未达100%）

鸡鸭类食谱

最常见也是猫咪最喜欢的食材，方便取得、价格便宜，是最常出现在餐桌上的猫鲜食食材喔！

好味家的鸡肉饭

好味小姐

　　这是我们家最常准备的料理了！鸡肉的价格很稳定而且到处都可以买到，作为猫咪的日常主食来说，经济实惠又很好准备，强烈推荐！

好味营养师

　　鸡肉是猫接受度很高的肉类，很适合初尝鲜食的猫咪。鸡肝含有丰富的天然铁元素及维生素A、维生素D，搭配木耳可以补充膳食纤维，是很好的常备料理！

备料时间20分钟 · 烹煮时间20分钟　　　　 参考价格　食材4.3元+营养品1.9元

食材（10餐份）

鸡胸肉　800克

鸡肝　100克

黑木耳　150克

橄榄油　25克

营养补充品（1餐份）

方案一

好味营养粉　1.5匙

方案二

牛磺酸　150.0毫克

钙质　200.0毫克

铁质　1.8毫克

锌　1.8毫克

综合维生素　依产品指示

 跟着做　好味家的鸡肉饭

1. 将鸡胸肉、鸡肝、黑木耳切成猫咪好入口的小丁备用；
2. 使用平底不粘锅倒入橄榄油，依序加入食材翻炒，加入少许清水煮至熟透；
3. 依照猫咪1餐所需分量分装、冷藏（建议1周内食用完毕）；
4. 食用前微波或蒸煮稍微加热至温热；
5. 放凉加入营养粉搅拌均匀盛盘。

一餐营养分析　约95克，热量122.0千卡

	分量		分量
蛋白质	20.0克	膳食纤维	126.0毫克
脂肪	3.5克	钠	50.0毫克
碳水化合物	1.6克	磷	199.0毫克
水分	82.5克	牛磺酸	150.0毫克↑
		钙磷比	1.01：1

含水营养比例

75.7%　　18.3% 3.3% 1.5%

脱水（DM）营养比例

75.2%　　13.5%　6.0%

水分　蛋白质　脂肪　碳水化合物

难易度 🐱🐱🐱

亲子猫饭

好味小姐

　　鸡蛋跟鸡肉真的是万年不变的搭配！鸡蛋不但营养丰富又香气浓郁，而且口感柔软好入口，是很多猫咪都很爱的食材喔。

好味营养师

　　鸡蛋富含B族维生素、维生素A、维生素E及矿物质铁、锌等，鸡蛋中的卵磷脂有助于猫咪脑细胞健康生长。

 食材（2餐份）

鸡胸肉 120克

鸡蛋 1个

橄榄油 5克

 营养补充品（1餐份）

方案一	好味营养粉 1.5匙	
方案二	牛磺酸 150.0毫克	钙 180.0毫克
	铁 1.0毫克	锌 1.2毫克
	综合维生素 依产品指示	

 跟着做 亲子猫饭

1．将鸡胸肉切成猫咪好入口的小丁备用；

2．鸡蛋打入碗中搅拌均匀（可添加少量清水，让鸡蛋口感更软嫩）；

3．使用平底不粘锅开中火，倒入橄榄油，使用纸巾或油刷均匀涂抹；

4．倒入蛋液拌炒至半熟后，倒入鸡胸肉继续拌炒至鸡肉熟透；

5．起锅，待放凉后加入营养补充品拌匀，并均分成2餐供应。

一餐营养分析 热量122.0千卡

	分量		分量
蛋白质	17.0克	膳食纤维	140.0毫克
脂肪	5.5克	钠	68.0毫克
碳水化合物	0.6克	磷	185.0毫克
水分	67.0克	牛磺酸	150.0毫克↑
		钙磷比	1.1：1

含水营养比例

73.3%　　18.5%　6.0%　0.5%

脱水（DM）营养比例

69.0%　　22.6%　1.8%

水分　蛋白质　脂肪　碳水化合物

难易度 🍠🍠🍠🍠

瓜瓜鸡

好味小姐

地瓜与鸡腿肉是蛋卷最爱的食材组合，甜甜的地瓜拿来提味刚刚好。本丸和橘皮也很喜欢喔，每次端出来他们都会很激动！

好味营养师

带皮鸡腿的脂肪、B族维生素、铁与锌的含量，都较鸡胸肉更高，适合用煎出香喷喷的鸡油，再搭配富含纤维的地瓜，就是一道美味又有助肠胃消化的料理！

 食材（1餐份）　　　　　　 **营养补充品**（1餐份）

带皮鸡腿 50克　　　　　　　| 方案一 | 好味营养粉 1.5匙

鸡胸肉 30克　　　　　　　　| 方案二 | 牛磺酸 150.0毫克　　　　钙 120.0毫克

地瓜 10克　　　　　　　　　　　　　　　铁 0.8毫克

综合维生素 依产品指示

 跟着做 瓜瓜鸡

1．鸡腿肉切大块，用平底不粘锅，鸡皮朝下煎熟并煎出鸡油，鸡腿肉取出放凉；

2．地瓜削皮后切成约0.5厘米小丁；

3．地瓜丁与锅内剩余鸡油一起拌炒，加入少许清水煮至地瓜松软；

4．将放凉的鸡腿肉切成猫咪好入口的小丁；

5．鸡腿肉与地瓜、营养粉搅拌均匀盛盘。

一餐营养分析 热量122.0千卡

	分量		分量
蛋白质	16.0克	膳食纤维	150.7毫克
脂肪	4.6克	钠	79.0毫克
碳水化合物	2.8克	磷	145.0毫克
水分	66.5克	牛磺酸	150.0毫克↑
		钙磷比	1.37：1

含水营养比例

72.7%　17.6%　5.0%　3.0%

脱水（DM）营养比例

64.5%　18.5%　11.0%

水分　蛋白质　脂肪　碳水化合物

难易度 🐾🐾
青蔬猫咖喱

好味小姐

　　香香的姜黄让猫咪也可以大吃咖喱大餐，而且最神奇的是，我们家六猫真的都对姜黄很有好感啊！

好味营养师

　　姜黄富含的姜黄素已知有抗氧化、增强抵抗力的功用，适量加入料理中能增加猫咪食欲，做成猫咪专属的咖喱料理。

 食材（1餐份）

鸡里脊 80克

鸡肝 10克

西蓝花 10克

橄榄油 3克

姜黄粉 适量

营养补充品（1餐份）

| 方案一 | 好味营养粉 1.5匙 |

| 方案二 | 牛磺酸 150.0毫克　　　钙 200.0毫克 |

铁 1.8毫克　　　锌 1.5毫克

综合维生素 依产品指示

 跟着做　青蔬猫咖喱

1．将鸡里脊、鸡肝、西蓝花切成猫咪好入口的小丁；

2．使用平底不粘锅，加入橄榄油拌炒至半熟；

3．加入少许清水煮至食材熟透；

4．放凉后倒入姜黄粉与营养粉搅拌均匀盛盘。

一餐营养分析　热量127.0千卡

	分量		分量
蛋白质	21.4克	膳食纤维	340.0毫克
脂肪	3.8克	钠	58.0毫克
碳水化合物	0.7克	磷	186.6毫克
水分	77.0克	牛磺酸	150.0毫克↑
		钙磷比	1.07：1

含水营养比例

73.8%　　20.5% 3.7% 0.7%

脱水（DM）营养比例

78.2%　　14.0% 2.6%

水分　　蛋白质　　脂肪　　碳水化合物

难易度 🐾🐾🐾

滑滑鸡

好味小姐

　　鸡肉跟山药的搭配十分清爽，炎炎夏日做给猫咪吃，感觉特别没有负担！山药还能帮助排便，对容易便秘的麻糬来说很适合。

好味营养师

　　山药富含多糖体及黏蛋白，营养丰富且有助于胃肠道健康及强化免疫力，搭配适量的好油脂，很适合作为猫咪排便不顺时的润肠餐点呦！

食材（1餐份）

鸡胸肉 80克

山药 20克

橄榄油 3克

营养补充品（1餐份）

方案一	好味营养粉 1.5匙

方案二 牛磺酸 150.0毫克 　　　　　钙 200.0毫克

铁 1.0毫克

综合维生素 依产品指示

跟着做 滑滑鸡

1．将鸡肉切成猫咪好入口的小丁，山药切丁；

2．鸡肉丁、山药丁一起蒸熟；

3．山药放凉后加入蒸鸡肉的肉汤压成泥状，加入橄榄油、营养粉搅拌均匀；

4．将山药泥淋在放凉的鸡肉上盛盘。

一餐营养分析 热量127.0千卡

	分量		分量
蛋白质	18.5克	膳食纤维	400.0毫克
脂肪	3.7克	钠	40.0毫克
碳水化合物	3.6克	磷	180.0毫克
水分	81.0克	牛磺酸	150.0毫克↑
		钙磷比	1.1：1

含水营养比例

74.0%　　　　17.7%　3.6% 3.5%

脱水（DM）营养比例

67.7%　　　　13.7% 13.3%

░ 水分　▓ 蛋白质　▓ 脂肪　▓ 碳水化合物

难易度 😿😿

小绿绿沙拉

好味小姐

　　包起来的食物一直都很受六只猫的欢迎，热爱小黄瓜的蛋卷还会边玩边吃。酸奶则是意外地受到短总的青睐喔！

好味营养师

　　小黄瓜入菜除了可以补充纤维质及B族维生素、维生素C外，本身味道甘甜、含水量也很高，但要注意农药残留，要仔细清洗再给猫咪吃喔！

食材（1餐份）

鸡胸肉 85克

小黄瓜 20克

酸奶 15克

橄榄油 2.5克

营养补充品（1餐份）

方案一	好味营养粉 1.5匙	
方案二	牛磺酸 150.0毫克	钙 200.0毫克
	铁 2.0毫克	锌 2.0毫克
	综合维生素 依产品指示	

 跟着做 小绿绿沙拉

1. 鸡胸肉切大块蒸熟后放凉，切成猫咪好入口的小丁；
2. 与酸奶、橄榄油、营养粉搅拌均匀后备用；
3. 小黄瓜去头去尾，纵切成两半，用削皮器削出长条薄片，卷成圆筒状；
4. 将鸡肉馅料填入小黄瓜筒内盛盘。

 一餐营养分析　热量127.7千卡

	分量		分量
蛋白质	19.7克	膳食纤维	400.0毫克
脂肪	3.3克	钠	53.0毫克
碳水化合物	2.5克	磷	208.0毫克
水分	96.5克	牛磺酸	150.0毫克↑
		钙磷比	1.03：1

含水营养比例

78.0%　　16.0%　2.6% 2.0%

脱水（DM）营养比例

71.6%　　　12.0% 9.2%

水分　　蛋白质　　脂肪　　碳水化合物

难易度 🐾🐾🐾🐾🐾

低磷亲子餐

好味小姐

就算制作低磷的特别料理也一定要很好吃才行！蛋白低磷又有饱腹感，跟猫咪喜欢的食材一起制作，吃低磷餐也可以吃得很开心。

好味营养师

肾脏有问题的猫咪需要限制磷摄取，因此选用含磷较低的食材，并利用蒸煮方式保留水分，由于磷较低为了平衡钙磷比，所以营养粉也要减量为1匙添加喔！

 食材（1餐份）

带皮鸡腿 60克
鸡蛋 1个
地瓜 15克

 营养补充品（1餐份）

方案一	好味营养粉 1匙	
方案二	牛磺酸 150.0毫克	钙 130.0毫克
	铁 2.0毫克	锌 1.2毫克
	综合维生素 依产品指示	

 跟着做 低磷亲子餐

1. 将鸡蛋的蛋黄分离，留下蛋清备用；
2. 地瓜先削皮，地瓜与鸡腿肉切成猫咪好入口的小丁；
3. 将鸡腿肉、蛋清与地瓜一起蒸熟后放凉（蛋清以另外的碗盛装）；
4. 蛋清切成猫咪好入口的小丁；
5. 蛋清丁、地瓜丁、鸡腿肉丁、营养粉搅拌均匀盛盘。

一餐营养分析 热量127.4千卡

	分量		分量
蛋白质	14.7克	膳食纤维	375.0毫克
脂肪	5.3克	钠	132.8毫克
碳水化合物	4.3克	磷	101.4毫克
水分	80.5克	牛磺酸	150.0毫克↑
		钙磷比	1.4：1

含水营养比例

76.0%　13.8%　5.0% 4.0%

脱水（DM）营养比例

57.5%　20.7%　17.0%

■ 水分　■ 蛋白质　■ 脂肪　■ 碳水化合物

49

温补鸭肉羹

好味小姐

　　鸭肉口感比较扎实，而且香气很浓郁，不管是爱咬东西的短裤和麻糊，还是容易受香气诱惑的米香，都对鸭肉料理的初体验感到很满意。

好味营养师

　　鸭肉是铁含量非常丰富的食材，对于贫血或手术后的猫咪来说，是很适合的肉类，搭配甘甜的白萝卜制作，非常适合天气微凉的日子享用喔！

 食材（1餐份）

去皮鸭肉 90克

鸭心 15克

白萝卜 15克

洋车前子 0.5克

 营养补充品（1餐份）

方案一	好味营养粉 1.5匙	
方案二	牛磺酸 150.0毫克	钙 180.0毫克
	综合维生素 依产品指示	

 跟着做 温补鸭肉羹

1．将鸭心对半切开，用清水将残留血块清理干净；

2．将鸭心及白萝卜切成猫咪好入口的小丁，鸭肉切成薄片；

3．取小碗将鸭肉片、鸭心和白萝卜放入碗中，加入少量清水蒸熟；

4．放凉后加入洋车前子粉及营养粉搅拌均匀盛盘。

一餐营养分析 热量126.6千卡

	分量		分量
蛋白质	20.5克	膳食纤维	820.0毫克
脂肪	4.1克	钠	130.0毫克
碳水化合物	0.7克	磷	197.6毫克
水分	94.3克	牛磺酸	150.0毫克↑
		钙磷比	1.1：1

含水营养比例

77.6%　　17.0% 2.4% 0.6%

脱水（DM）营养比例

75.5%　　15.0% 2.6%

■ 水分　■ 蛋白质　■ 脂肪　■ 碳水化合物

难易度 🐾●○○

麻糊肉泥

好味小姐

　　遇到麻糊拉肚子时，医生建议我们要选择低油、低纤维的食材当作主食。所以我们制作了麻糊肉泥，让麻糊可以轻松入口又好消化。

好味营养师

　　猫咪拉肚子期间，肠道较为敏感，饮食建议选择低油食材，避免加重腹泻，食材制成泥状方便猫咪入口也有利消化，可以降低对肠道的刺激。

 食材（1餐份）

鸡里脊 90克
马铃薯 30克

 营养补充品（1餐份）

方案一	好味营养粉 1.5匙	
方案二	牛磺酸 150.0毫克	钙 240.0毫克
	铁 2.0毫克	锌 1.8毫克
	综合维生素 依产品指示	

 跟着做 麻糊肉泥

1．将马铃薯削皮，与鸡里脊切成小块蒸熟放凉；
2．将食材倒入搅拌机，加入少量清水打成肉泥；
3．加入营养粉搅拌均匀盛盘。

📋 **一餐营养分析** 热量121.0千卡

	分量		分量
蛋白质	22.6克	膳食纤维	530.0毫克
脂肪	0.6克	钠	54.0毫克
碳水化合物	4.7克	磷	197.7毫克
水分	92.0克	牛磺酸	150.0毫克↑
		钙磷比	1.01：1

含水营养比例

75.8%　　18.6% 0.5% 4.0%

脱水（DM）营养比例

76.7%　　2.0% 16.0%

水分　　蛋白质　　脂肪　　碳水化合物

猫鸡丝面

好味小姐
　　剥鸡丝的过程真的是有点无聊漫长，但是两只小猫都会在旁边陪我一起边吃边做，就觉得很值得啦！

好味营养师
　　鸡心含有丰富的矿物质如镁、锌、铁及维生素E，但脂肪含量较高，与低脂的鸡胸肉搭配，就能平衡料理中的油脂比例。

 食材（1餐份）

鸡胸肉 90克
鸡心 15克
洋车前子 0.5克

 营养补充品（1餐份）

方案一	好味营养粉 1.5匙	
方案二	牛磺酸 150.0毫克	钙 220.0毫克
	铁 1.6毫克	
	综合维生素 依产品指示	

 跟着做 猫鸡丝面

1．将鸡心对切后用清水将残留血块清洗干净；
2．将整块鸡胸肉、鸡心放入碗中，加入适量清水蒸熟后放凉；
3．鸡心切成猫咪好入口的小丁，鸡胸肉剥成鸡丝后，放入蒸鸡肉的汤中；
4．加入洋车前子粉及营养粉搅拌均匀盛盘。

一餐营养分析 热量122.0千卡

	分量		分量
蛋白质	22.0克	膳食纤维	650.0毫克
脂肪	3.0克	钠	45.0毫克
碳水化合物	0.1克	磷	200.0毫克
水分	80.0克	牛磺酸	150.0毫克↑
		钙磷比	1.03：1

含水营养比例
75.0%　20.8%　2.8%　0.1%

脱水（DM）营养比例
83.4%　11.4%　0.5%

░ 水分　▨ 蛋白质　▩ 脂肪　▨ 碳水化合物

雪白冻

好味小姐

处理鸡爪的时候感觉很奇妙，煮出来的胶原蛋白汤充斥着浓浓的鸡汤味，真的很值得花时间炖煮。不但香气浓郁，还能帮猫咪补充更多的水分喔！

好味营养师

鸡爪的胶原蛋白丰富，煮过冷却后会出胶，很适合作为补水的冻类食物，但鸡爪脂肪含量很高，所以凝固后要先刮除表面油质再给猫咪吃。

🐾 食材（2餐份）

鸡胸肉 80克
鸡爪 10只

⚖ 营养补充品（2餐份）

方案一	好味营养粉 3匙	

方案二	牛磺酸 300.0毫克	钙 300.0毫克
	铁 2.0毫克	锌 1.0毫克
	综合维生素 依产品指示	

🍳 跟着做 雪白冻

1．鸡爪洗净，鸡胸肉切成猫咪好入口的小丁备用；
2．将鸡爪与鸡胸肉丁置入锅中后，加入500mL凉水炖煮至食材熟透；
3．鸡丁先取出备用，继续炖煮鸡爪至释出胶质（炖煮约30分钟）；
4．取出鸡爪将浓汤放凉，加入营养粉与鸡丁搅拌均匀，倒入保鲜盒冷藏成冻状；
5．凝固后刮除表面鸡油切块盛盘。

📋 一餐营养分析　热量122.0千卡

	分量		分量
蛋白质	28.0克	膳食纤维	150.0毫克
脂肪	0.4克	钠	111.0毫克
碳水化合物	0.4克	磷	132.0毫克
水分	89.0克	牛磺酸	150.0毫克↑
		钙磷比	1.64：1

含水营养比例

75.0%　23.0% 0.3% 0.3%

脱水（DM）营养比例

97.0%　1.3% 1.3%

水分　蛋白质　脂肪　碳水化合物

牛羊类食谱

香气浓郁的食材，是许多吃货型猫咪的最爱！牛羊肉
富含铁与多种矿物质，是营养充沛的猫鲜食食材喔！

难易度

好味家的牛肉饭

好味小姐

牛肉餐材料简单，制作又很方便，我们时常拿来跟鸡肉餐相互搭配，让猫咪时常可以更换口味，会让猫咪更喜欢吃饭喔！

好味营养师

牛肉是补铁的好食材，矿物质锌、维生素B_6及维生素B_{12}含量也高，是营养价值高的肉类食材。搭配内脏补充维生素A、维生素D与蔬菜，是很好的餐点。

食材（10餐份）

牛后腿肉 750克

鸡肝 100克

胡萝卜 100克

橄榄油 25克

营养补充品（1餐份）

方案一

好味营养粉 1.5匙

方案二

牛磺酸 150.0毫克

钙 180.0毫克

铁 1.0毫克

综合维生素 依产品指示

跟着做 好味家的牛肉饭

1．将牛后腿肉、鸡肝、胡萝卜切成猫咪好入口的小丁；

2．使用平底不粘锅倒入橄榄油，依序加入食材翻炒，加入少许清水煮至熟透；

3．依照猫咪一餐所需分量分装、冷藏（建议一周内食用完毕）；

4．食用前微波或蒸煮稍微加热至温热；

5．放凉加入营养粉搅拌均匀盛盘。

一餐营养分析　约97.5克，热量128.6千卡

	分量		分量
蛋白质	16.5克	膳食纤维	400.0毫克
脂肪	6.0克	钠	172.0毫克
碳水化合物	4.0克	磷	62.5毫克
水分	70.0克	牛磺酸	150.0毫克↑
		钙磷比	1.18：1

含水营养比例

70.7%　　16.7% 6.0% 4.0%

脱水（DM）营养比例

57.0%　　21.0%　13.5%

水分　蛋白质　脂肪　碳水化合物

难易度

猫彩椒肉丝

好味小姐
　　这道料理准备跟制作都非常简单，而且成品又香又好吃，所以每次做的时候，都会乘机多做一些给自己，马上就可以上桌跟猫咪一起享用。

好味营养师
　　色彩缤纷的甜椒有丰富的维生素C、维生素A，可以直接生食，切好直接加入煮熟的餐点中，可以保留营养及清脆的口感，很多猫咪都很喜欢喔!

食材（1餐份）

牛后腿肉 80克
甜椒 20克
无盐奶油 2.5克

营养补充品（1餐份）

方案一	好味营养粉 1.5匙	
方案二	牛磺酸 150.0毫克	钙 180.0毫克
	铁 0.2毫克	
	综合维生素 依产品指示	

跟着做 猫彩椒肉丝

1．甜椒去除蒂头、去籽，与牛后腿肉皆切丝；
2．使用平底不粘锅放进无盐奶油，加入牛后腿肉丝拌炒至半熟；
3．放入甜椒丝拌炒至全熟；
4．放凉后加入营养粉搅拌均匀盛盘。

一餐营养分析　热量122.5千卡

	分量		分量
蛋白质	15.7克	膳食纤维	460.0毫克
脂肪	5.5克	钠	47.5毫克
碳水化合物	4.4克	磷	167.4毫克
水分	76.0克	牛磺酸	150.0毫克↑
		钙磷比	1.2∶1

含水营养比例
72.9%　　15.0% 5.3% 4.2%

脱水（DM）营养比例
55.7%　　20.0%　15.6%

水分　蛋白质　脂肪　碳水化合物

难易度 🐾🐾🐾

猫的炖牛肉

好味小姐
　　炖牛肉当然一定要有马铃薯，煮过的马铃薯松松软软，搭配牛肉汤最棒了！就连我们家不爱牛肉的短裤，也很喜欢这一道料理！

好味营养师
　　牛肉与鸡肝同为富含铁质的食材，同时牛肉也含有丰富的 B 族维生素，浓郁的汤汁能吸引猫咪把汤喝光喔！

 食材（1餐份）

牛板腱 65克
鸡肝 15克
马铃薯 20克

 营养补充品（1餐份）

方案一	好味营养粉 1.5匙	
方案二	牛磺酸 150.0毫克	钙 200.0毫克
	铁 0.5毫克	
	综合维生素 依产品指示	

 跟着做 猫的炖牛肉

1．马铃薯削皮；
2．将牛板腱、鸡肝与马铃薯切成猫咪好入口的小丁；
3．将食材放入锅中加入适量水炖煮至熟透（约10分钟）；
4．放凉后加入营养粉搅拌均匀盛盘。

一餐营养分析 热量132.0千卡

	分量		分量
蛋白质	16.0克	膳食纤维	660.0毫克
脂肪	6.4克	钠	78.0毫克
碳水化合物	2.3克	磷	138.6毫克
水分	74.4克	牛磺酸	150.0毫克↑
		钙磷比	1.47：1

含水营养比例
73.3%　　15.7% 6.3% 2.3%

脱水（DM）营养比例
58.8%　　23.6% 8.6%

■水分 ■蛋白质 ■脂肪 ■碳水化合物

猫羊肉炉

好味小姐

天气一变凉之后就忍不住会想到羊肉炉，羊肉的香气加上简单的食材，跟猫咪们在凉凉的秋夜一起围炉吧！

好味营养师

羊肉含有优质蛋白质及适量油脂，同时也富含矿物质铁及锌，搭配高纤维蔬菜一同入菜，就是冬日替猫咪进补的好料理喔！

 食材（1餐份）　　　

食材（1餐份）

羊腿肉 85克
鸡肝 10克
圆白菜 20克
胡萝卜 10克

营养补充品（1餐份）

方案一	好味营养粉 1.5匙	
方案二	牛磺酸 150.0毫克	钙 190.0毫克
	铁 0.2毫克	
	综合维生素 依产品指示	

跟着做 猫羊肉炉

1．将羊腿肉、鸡肝、胡萝卜切成猫咪好入口的小丁，圆白菜切小方片；
2．将食材放入碗中，加入适量清水一起蒸熟（约15分钟）；
3．放凉后加入营养粉搅拌均匀盛盘。

一餐营养分析　热量123.2千卡

	分量		分量
蛋白质	20.2克	膳食纤维	800.0毫克
脂肪	3.3克	钠	73.0毫克
碳水化合物	1.9克	磷	170.0毫克
水分	99.4克	牛磺酸	150.0毫克↑
		钙磷比	1.2：1

含水营养比例

78.2%　　16.2% 2.6% 1.6%

脱水（DM）营养比例

74.2%　　12.0% 7.5%

水分　蛋白质　脂肪　碳水化合物

难易度 🐾🐾🐾
猫滑蛋牛肉

好味小姐
　　用蛋卷喜欢的牛肉，加上滑顺好入口的鸡蛋，让料理吃起来软软嫩嫩，这一道菜是蛋卷最爱的日常料理了。

好味营养师
　　鸡蛋含有丰富的营养成分，与牛肉搭配是营养满分的料理，但是鸡蛋与牛肉的脂肪都较高，本食谱使用一个鸡蛋，所以是2餐份喔！

食材（2餐份）

牛后腿肉 100克
鸡蛋 1个
橄榄油 5克

营养补充品（1餐份）

方案一	好味营养粉 1.5匙	
方案二	牛磺酸 150.0毫克	钙 180.0毫克
	铁 0.7毫克	
	综合维生素 依产品指示	

 跟着做 猫滑蛋牛肉

1．将牛后腿肉切成猫咪好入口的小丁，鸡蛋打入碗中搅拌均匀；
2．使用平底不粘锅，加入橄榄油将牛肉丁炒至七分熟；
3．加入鸡蛋液一起炒至全熟；
4．放凉后加入营养粉搅拌均匀分成2餐盛盘。

一餐营养分析　热量120.5千卡

	分量		分量
蛋白质	13.2克	膳食纤维	140.0毫克
脂肪	7.1克	钠	67.5毫克
碳水化合物	2.3克	磷	152.7毫克
水分	56.6克	牛磺酸	150.0毫克↑
		钙磷比	1.37：1

含水营养比例
69.5%　　16.2% 8.7% 2.8%

脱水（DM）营养比例
52.9%　　28.6% 9.2%

□ 水分　■ 蛋白质　■ 脂肪　■ 碳水化合物

难易度 🐾🐾🐾

秋天牛肉丝

好味小姐

不知道为什么，家里的六只猫都很喜欢秋葵，秋天是秋葵盛产的季节，在盛产季做一道应季料理跟猫咪一起享用吧！

好味营养师

秋葵黏黏的口感来自丰富的水溶性纤维，除了有助于保护胃壁外，也有助于稳定血糖、降低血液中的胆固醇，对于猫咪来说是很好的蔬菜选择。

 食材（1餐份）

牛后腿肉 80克
秋葵 20克
无盐奶油 3克

 营养补充品（1餐份）

方案一	好味营养粉 1.5匙	
方案二	牛磺酸 150.0毫克	钙 180.0毫克
	铁 0.2毫克	
	综合维生素 依产品指示	

 跟着做 秋天牛肉丝

1．将秋葵去除蒂头后，对半切开去籽，与牛肉切成长条状备用；
2．使用平底不粘锅加入无盐奶油，将牛肉与秋葵拌炒至半熟；
3．加入适量清水炒至全熟；
4．放凉后加入营养粉搅拌均匀盛盘。

一餐营养分析 热量126.8千卡

	分量		分量
蛋白质	16.0克	膳食纤维	880.0毫克
脂肪	6.0克	钠	50.0毫克
碳水化合物	4.5克	磷	173.7毫克
水分	75.6克	牛磺酸	150.0毫克↑
		钙磷比	1.27：1

含水营养比例

72.4%　　15.3%　5.7%　4.3%

脱水（DM）营养比例

55.3%　　20.5%　15.5%

■ 水分　■ 蛋白质　■ 脂肪　■ 碳水化合物

难易度 🐱●●

猫的炖羊肉

好味小姐

炖羊肉是很经典的土耳其料理呢！适量的蔬菜炖煮出浓郁的羊肉汤，让以往最不受猫咪欢迎的汤料理，也能成功吸引猫咪愿意多喝几口喔！

好味营养师

羊肉与鸡肝同为铁及锌含量丰富的食材，西蓝花含许多抗氧化元素，搭配高纤维地瓜一同炖煮，能提升料理的营养，更能带出料理的鲜甜滋味。

 食材（1餐份）

羊腿肉 80克
鸡肝 10克
西蓝花 10克
地瓜 10克

营养补充品（1餐份）

方案一	好味营养粉 1.5匙	
方案二	牛磺酸 150.0毫克	钙 200.0毫克
	铁 0.3毫克	
	综合维生素 依产品指示	

 跟着做 猫的炖羊肉

1．将羊腿肉、鸡肝、地瓜切成猫咪好入口的小丁，西蓝花切小朵备用；

2．取碗倒入食材，加入少量清水蒸熟（约15分钟）；

3．放凉后加入营养粉搅拌均匀盛盘。

一餐营养分析 热量124.0千卡

	分量		分量
蛋白质	19.2克	膳食纤维	590.0毫克
脂肪	3.2克	钠	65.0毫克
碳水化合物	3.5克	磷	160.0毫克
水分	84.0克	牛磺酸	150.0毫克↑
		钙磷比	1.3：1

含水营养比例

75.3%　　17.2% 2.8% 3.1%

脱水（DM）营养比例

69.7%　　11.5% 12.7%

水分　蛋白质　脂肪　碳水化合物

猫罗宋汤

好味小姐
　　经典汤料理应该就属罗宋汤了吧，连平常不爱吃番茄的麻糊都会被香喷喷的牛肉汤吸引，喝得满地都是！

好味营养师
　　番茄营养价值非常丰富，除了富含抗氧化的茄红素及维生素C外，也含有B族维生素及膳食纤维，最适合跟红肉做搭配。

 食材（1餐份）　　　　　**营养补充品**（1餐份）

牛后腿肉 80克

番茄 25克

无盐奶油 3克

方案一	好味营养粉 1.5匙
方案二	牛磺酸 150.0毫克　　　　钙 200.0毫克
	铁 0.2毫克
	综合维生素 依产品指示

 跟着做 猫罗宋汤

1．番茄去掉蒂头和籽，与牛后腿肉切成猫咪好入口的小丁；

2．使用小汤锅放入奶油，加入番茄拌炒至半熟后，加入牛肉丁继续翻炒至半熟；

3．加入适量清水炖煮至牛肉软嫩、番茄汤变浓稠；

4．放凉后加入营养粉搅拌均匀盛盘。

一餐营养分析 热量124.3千卡

	分量		分量
蛋白质	15.7克	膳食纤维	390.0毫克
脂肪	6.0克	钠	48.0毫克
碳水化合物	4.0克	磷	169.0毫克
水分	81.3克	牛磺酸	150.0毫克↑
		钙磷比	1.2：1

含水营养比例

74.2%　　14.5% 5.4% 3.7%

脱水（DM）营养比例

55.8%　　21.0% 14.2%

▨ 水分　▨ 蛋白质　▨ 脂肪　▨ 碳水化合物

难易度 🐾🐾🐾🐾
猫清炖牛肉

牛羊类食谱　猫清炖牛肉

好味小姐
　　白萝卜本身虽然没什么味道，但是煮汤的时候，会吸满浓浓的肉香，而且煮好后口感也很松软，很适合拿来当作补水食材喔！

好味营养师
　　在天气渐渐转凉的秋季，最适合煮一碗温补的肉汤，新鲜牛肉搭配含水量高的白萝卜一同蒸煮，可以提升汤头的甘甜滋味，帮助猫咪摄取更多水分。

食材（1餐份）

牛板腱 75克
白萝卜 20克

营养补充品（1餐份）

方案一	好味营养粉 1.5匙	
方案二	牛磺酸 150.0毫克	钙 150.0毫克
	铁 0.8毫克	
	综合维生素 依产品指示	

跟着做　猫清炖牛肉

1. 白萝卜削皮，与牛板腱切成猫咪好入口的小丁；
2. 取碗将食材置入后加入少量清水蒸熟（约15分钟）；
3. 放凉后加入营养粉搅拌均匀盛盘。

一餐营养分析　热量128.0千卡

	分量		分量
蛋白质	15.0克	膳食纤维	360.0毫克
脂肪	6.8克	钠	145.0毫克
碳水化合物	0.9克	磷	127.0毫克
水分	71.5克	牛磺酸	150.0毫克↑
		钙磷比	1.6：1

含水营养比例

74.0%　　15.5% 7.0% 1.0%

脱水（DM）营养比例

60.0%　　27.0% 3.7%

水分　蛋白质　脂肪　碳水化合物

难易度 🐾🐾🐾

猫麻婆豆腐

好味小姐

没想到不麻不辣的假麻婆豆腐，也会受到猫咪们的喜爱。翻炒过后的牛肉带一点牛油香气，搭配鸡肉一起让不是很喜欢牛肉的短裤也很喜欢喔！

好味营养师

有些猫咪食用黄豆制品会出现胀气、肠胃不适等情况，所以选用鸡胸肉作为给猫咪吃的"假豆腐"，搭配营养丰富的牛后腿肉及酸甜的番茄，口感更丰富！

 食材（1餐份）

牛后腿肉 40克

鸡胸肉 45克

番茄 25克

橄榄油 3克

 营养补充品（1餐份）

方案一	好味营养粉 1.5匙	
方案二	牛磺酸 150.0毫克	钙 200.0毫克
	铁 2.0毫克	锌 2.0毫克
	综合维生素 依产品指示	

 跟着做 猫麻婆豆腐

1. 将鸡胸肉切成猫咪好入口的小丁，番茄去蒂头去籽与牛后腿肉切末备用；
2. 使用平底不粘锅加入橄榄油，先放入番茄与少量清水拌炒至汤色变红；
3. 加入牛绞肉拌炒，至半熟后，加入鸡肉丁拌炒至全熟；
4. 起锅放凉后加入营养粉拌匀盛盘。

一餐营养分析 热量127.0千卡

	分量		分量
蛋白质	18.0克	膳食纤维	390.0毫克
脂肪	5.0克	钠	46.5毫克
碳水化合物	2.5克	磷	187.6毫克
水分	87.0克	牛磺酸	150.0毫克↑
		钙磷比	1.07：1

含水营养比例

76.0%　　15.8% 4.5% 2.2%

脱水（DM）营养比例

65.3%　　18.6% 9.0%

水分　蛋白质　脂肪　碳水化合物

海鲜类食谱

海洋的鲜味是许多猫咪的最爱，适时的帮猫咪做海鲜料理，可以唤起猫咪的食欲。富含牛磺酸、DHA、EPA的海鲜食材，让猫咪精神满满！

难易度 🐱🐱🐱

好味家的海鲜饭

好味小姐
　　遇到夏天或是猫咪食欲比较差的时候，可以制作海鲜口味的日常正餐，就可以利用海鲜浓郁的气味，来提升猫咪们的食欲啦！

好味营养师
　　海鲜是优质的蛋白质来源，肉质细嫩含水量高，同时也富有不饱和脂肪酸如EPA、DHA及多元的维生素及矿物质，浓郁的海味更是深受猫咪喜爱！

食材（10餐份）

鲷鱼 250克

三文鱼 200克

鸡胸肉 300克

鸡肝 100克

地瓜 50克

橄榄油 25克

营养补充品（1餐份）

方案一

好味营养粉 1.5匙

方案二

牛磺酸 150.0毫克

钙 200.0毫克

铁 2.0毫克

锌 1.2毫克

综合维生素 依产品指示

跟着做 好味家的海鲜饭

1．将鲷鱼、三文鱼、鸡胸肉、鸡肝、地瓜切成猫咪好入口的小丁；

2．使用平底不粘锅倒入橄榄油，依序加入食材翻炒，加入少许清水煮至熟透；

3．依照猫咪1餐所需分量分装、冷藏（建议1周内食用完毕）；

4．食用前微波或蒸煮稍微加热至温热，放凉加入营养粉搅拌均匀盛盘。

一餐营养分析 约92.5克，热量125.0千卡

	分量		分量
蛋白质	18.0克	膳食纤维	265.0毫克
脂肪	4.7克	钠	53.0毫克
碳水化合物	2.3克	磷	177.0毫克
水分	67.0克	牛磺酸	150.0毫克↑
		钙磷比	1.1：1

含水营养比例

71.0%　　19.0% 5.0% 2.4%

脱水（DM）营养比例

67.0%　　17.6% 8.5%

水分　蛋白质　脂肪　碳水化合物

海鲜类食谱　好味家的海鲜饭

黄金鲷鱼饭

好味小姐

　　鲷鱼在各大超市都很容易买到，所以常被我们当作日常使用的食材，而且鲷鱼的口感松软又很香，是米香最喜欢的食材之一喔！

好味营养师

　　南瓜带有甘甜的香气，且是纤维质含量丰富的根茎类食材，与含水量高的鲷鱼及适量油脂搭配，很受猫咪喜爱，是可以帮助消化的高纤料理喔！

 食材（1餐份）

鲷鱼 80克
南瓜 15克
无盐奶油 3克

 营养补充品（1餐份）

方案一	好味营养粉 1.5匙	
方案二	牛磺酸 150.0毫克	钙 170.0毫克
	铁 2.2毫克	锌 1.6毫克
	综合维生素 依产品指示	

 跟着做 黄金鲷鱼饭

1．将鲷鱼切成猫咪好入口的小丁，南瓜去皮去籽切成小丁备用；
2．使用平底不粘锅放入无盐奶油，加入南瓜与少量清水拌炒至半熟；
3．加入鲷鱼丁拌炒至全熟；
4．放凉后加入营养粉搅拌均匀盛盘。

一餐营养分析 热量121.0千卡

	分量		分量
蛋白质	15.0克	膳食纤维	515.0毫克
脂肪	5.4克	钠	38.0毫克
碳水化合物	4.6克	磷	140.0毫克
水分	72.6克	牛磺酸	150.0毫克↑
		钙磷比	1.5：1

含水营养比例

72.6%　　15.0% 5.4% 4.6%

脱水（DM）营养比例

54.6%　　19.7% 17.0%

水分　蛋白质　脂肪　碳水化合物

鲭鱼鸡丁

好味小姐

　　鲭鱼是非常营养的食材，不过不太好取得，在传统市场比较容易买到。煎煮的过程中会发现鲭鱼比较油，最好搭配低脂少油的食材。

好味营养师

　　由于鲭鱼油脂丰富，热量也较高，所以一餐分量不能太多，不过这样一来会使得磷相对较少，导致钙磷比会高一些，但仍符合AAFCO的标准，还是建议要搭配低脂肉及蔬菜，平衡一餐的油脂摄取喔。

 食材（1餐份）

鲭鱼 20克
鸡胸肉 50克

 营养补充品（1餐份）

方案一	好味营养粉 1.5匙	
方案二	牛磺酸 150.0毫克	钙 120.0毫克
	铁 0.7毫克	
	综合维生素 依产品指示	

跟着做 鲭鱼鸡丁

1. 将带皮鲭鱼与鸡胸肉切成猫咪好入口的小丁；
2. 使用平底不粘锅将鲭鱼放入热锅内翻炒至半熟且煎出油脂；
3. 加入鸡肉丁拌炒至全熟；
4. 放凉后加入营养粉搅拌均匀盛盘。

一餐营养分析 热量127.0千卡

	分量		分量
蛋白质	14.2克	膳食纤维	220.0毫克
脂肪	7.4克	钠	25.0毫克
碳水化合物	0.2克	磷	112.0毫克
水分	48.4克	牛磺酸	150.0毫克↑
		钙磷比	1.83：1

含水营养比例

67.9%　　　19.8% 10.3% 0.2%

脱水（DM）营养比例

61.3%　　　31.8% 0.7%

水分　蛋白质　脂肪　碳水化合物

难易度 🐱🐱🐾

海草鱼沙拉

好味小姐
　　海草鱼应该可以说是最受我们家猫咪欢迎的食材了！每次料理里面只要出现海草鱼，家里六只猫咪都会特别积极。

好味营养师
　　台湾生长的海草鱼肉质细嫩，除富含多元不饱和脂肪酸EPA、DHA外，同时也含有维生素B_3，钙质也很丰富，是营养又实惠的好食材喔！

 食材（1餐份）

海草鱼柳 50克
白虾 1只
马铃薯 25克

 **营养补充品**（1餐份）

方案一	好味营养粉 1.5匙	
方案二	牛磺酸 150.0毫克	钙 180.0毫克
	铁 1.8毫克	锌 1.6毫克
	综合维生素 依产品指示	

 跟着做 海草鱼沙拉

1. 将马铃薯削皮后切片，白虾去壳去虾肠与海草鱼柳切块蒸熟；
2. 食材放凉后，将马铃薯压成泥状；
3. 海草鱼柳、白虾切末；
4. 将马铃薯泥与海草鱼末、虾肉末、营养粉搅拌均匀，捏成丸子状盛盘。

一餐营养分析 热量124.0千卡

	分量		分量
蛋白质	14.8克	膳食纤维	465.0毫克
脂肪	5.0克	钠	58.0毫克
碳水化合物	4.0克	磷	147.0毫克
水分	65.2克	牛磺酸	150.0毫克↑
		钙磷比	1.49：1

含水营养比例
71.3%　16.2% 5.4% 4.4%

脱水（DM）营养比例
56.5%　18.8% 15.4%

水分　蛋白质　脂肪　碳水化合物

难易度 🐱🐱🐱

三文鱼饭团

好味小姐

　　三文鱼做的饭团不但颜色很讨喜、造型很可爱，而且三文鱼的香气也令猫咪十分喜爱！麻糊、本丸跟橘皮都对这一道料理，表现出浓浓的兴趣。

好味营养师

　　三文鱼含有丰富EPA、DHA、B族维生素、维生素A、维生素D，但由于深海鱼类的鱼皮容易累积有害污染物，建议去皮再给猫咪吃喔！

🍖 食材（1餐份）

三文鱼 25克

鸡里脊 65克

橄榄油 2克

无盐海苔 1~2片

⚖️ 营养补充品（1餐份）

方案一	好味营养粉 1.5匙	
方案二	牛磺酸 150.0毫克	钙 200.0毫克
	铁 1.8毫克	锌 1.6毫克
	综合维生素 依产品指示	

跟着做　三文鱼饭团

1. 将三文鱼、鸡里脊切成小块蒸熟；
2. 放凉后将鸡里脊剁成鸡肉末，三文鱼捏碎；
3. 鸡肉末、三文鱼末加入橄榄油与营养粉搅拌均匀；
4. 将混合的饭团馅料轻压做成饭团状，包上海苔盛盘。

一餐营养分析　热量128.0千卡

	分量		分量
蛋白质	22.0克	膳食纤维	140.0毫克
脂肪	4.0克	钠	56.5毫克
碳水化合物	0.0克	磷	196.0毫克
水分	66.5克	牛磺酸	150.0毫克↑
		钙磷比	1.01：1

含水营养比例

71.1%　　23.3%　4.2%

脱水（DM）营养比例

80.7%　　14.4%

水分　蛋白质　脂肪　碳水化合物

难易度 🐱🐱🐱🐱

减肥鱼饭

好味小姐

　　黑木耳本身气味清淡，但是口感很有弹性，爱咬东西的短裤、麻糊都很喜欢。另外黑木耳膳食纤维高、脂肪量很低，很适合当成猫咪减肥的代餐喔！

好味营养师

　　旗鱼油脂含量极低，富含有助猫咪体内蛋白质利用的维生素B$_6$，蛋白质丰富、口感扎实，对于需要控制体重的猫咪来说，是很好的鱼类选择！

 食材（1餐份）

旗鱼 80克
黑木耳 25克
橄榄油 3克

营养补充品（1餐份）

方案一	好味营养粉 1.5匙	
方案二	牛磺酸 150.0毫克	钙 200.0毫克
	铁 1.5毫克	锌 1.8毫克
	综合维生素 依产品指示	

 跟着做 减肥鱼饭

1．将旗鱼切成猫咪好入口的小丁，木耳切成细丝备用；
2．使用平底不粘锅倒入橄榄油，加入旗鱼丁与黑木耳丝拌炒至全熟；
3．放凉后加入营养粉搅拌均匀盛盘。

一餐营养分析 热量124.8千卡

	分量		分量
蛋白质	21.0克	膳食纤维	2000毫克
脂肪	3.0克	钠	32.6毫克
碳水化合物	2.8克	磷	192.2毫克
水分	80.0克	牛磺酸	150.0毫克↑
		钙磷比	1.08：1

含水营养比例

73.0%　　19.2% 2.7% 2.6%

脱水（DM）营养比例

71.0%　　10.1% 9.6%

水分　蛋白质　脂肪　碳水化合物

难易度 🐱🐱

白鳕粥

备料时间10分钟·烹煮时间15分钟　　$ 参考价格　食材6.2元+营养品1.9元

好味小姐

　　扁鳕在制作的过程中，需要特别注意鱼刺的处理，生的时候要去除鱼刺比较不容易，煮熟后柔软的鱼肉就会很好取下来啦！

好味营养师

　　扁鳕或大比目鱼，鱼油含量丰富，有助于预防心血管疾病、含水量也较高，因此口感细腻很适合作为补水的粥食喔！

 食材（1餐份）

扁鳕／大比目鱼 45克

鸡胸肉 25克

西蓝花 10克

地瓜 10克

⚖️ **营养补充品**（1餐份）

方案一	好味营养粉 1.5匙	
方案二	牛磺酸 150.0毫克	钙 130.0毫克
	铁 2.2毫克	锌 2.0毫克
	综合维生素 依产品指示	

 跟着做 白鳕粥

1．地瓜削皮切小丁，鸡胸肉切块，西蓝花切小朵；

2．将食材与鱼一同蒸熟；

3．放凉后，将鱼肉取下压碎，加入适量清水当作粥底；

4．鸡胸肉切末后与西蓝花、地瓜、鱼粥和营养粉搅拌均匀盛盘。

📋 **一餐营养分析** 热量126.0千卡

	分量		分量
蛋白质	12.0克	膳食纤维	590.0毫克
脂肪	6.9克	钠	55.5毫克
碳水化合物	3.6克	磷	138.0毫克
水分	67.0克	牛磺酸	150.0毫克↑
		钙磷比	1.5：1

含水营养比例

73.4%　　　13.0% 7.6% 3.9%

脱水（DM）营养比例

48.6%　　28.4%　14.7%

■ 水分　■ 蛋白质　■ 脂肪　■ 碳水化合物

难易度 🐱🐱🐱

猫茄汁鲭鱼

好味小姐
　　茄汁鲭鱼在人的居家常备罐头里，已经是经典中的经典了，没想到制作成猫咪版本，竟然也很受欢迎啊！果然我们的口味都是很接近的～

好味营养师
　　鲭鱼有丰富的omega-3不饱和脂肪酸，含量远胜鲑鱼，是帮猫咪补充鱼油的好食材，鲭鱼油脂丰富所以热量较高，建议混搭低脂肉以平衡餐点脂肪量！

🍖 食材（1餐份）

鲭鱼 20克
鸡胸肉 50克
番茄 20克

⚖️ 营养补充品（1餐份）

方案一	好味营养粉 1.5匙	
方案二	牛磺酸 150.0毫克	钙 120.0毫克
	铁 0.8毫克	锌 2.0毫克
	综合维生素 依产品指示	

跟着做 猫茄汁鲭鱼

1．番茄去蒂头去籽，与鲭鱼、鸡胸肉切成猫咪好入口的小丁；
2．将食材放进碗里一起蒸熟（约15分钟）；
3．起锅放凉后加入营养粉拌匀盛盘。

一餐营养分析 热量130.8千卡

	分量		分量
蛋白质	14.3克	膳食纤维	420.0毫克
脂肪	7.4克	钠	25.7毫克
碳水化合物	1.0克	磷	116.7毫克
水分	67.3克	牛磺酸	150.0毫克↑
		钙磷比	1.78：1

含水营养比例

73.5%   15.7%   8.0%   1.1%

脱水（DM）营养比例

59.2%   30.3%   4%

■ 水分   ■ 蛋白质   ■ 脂肪   ■ 碳水化合物

难易度 🐾🐾🐾

雪白羹

好味小姐
　　海鲜汤做成羹汤之后，会让汤的香气更浓郁，也能增加猫咪喝汤的机会。本来有点担心猫咪们不爱白木耳，结果连短裤都很喜欢！

好味营养师
　　白木耳含有丰富水溶性纤维，炖煮后会形成浓稠的汤汁，让猫咪在喝汤的过程中同时补充纤维质。

🍖 食材（1餐份）

鲷鱼 80克

白虾 2克

白木耳 25克

⚖ 营养补充品（1餐份）

方案一	好味营养粉 1.5匙	
方案二	牛磺酸 150.0毫克	钙 200.0毫克
	铁 1.8毫克	锌 1.0毫克
	综合维生素 依产品指示	

跟着做 雪白羹

1. 新鲜白木耳洗净或干燥，白木耳浸泡一小时后洗净切末备用；
2. 白虾去壳去虾肠，与鲷鱼切成猫咪好入口的小丁；
3. 用汤锅放入白木耳末加入清水煮沸后，转小火炖煮10分钟；
4. 放入鲷鱼丁、白虾丁煮至全熟；
5. 放凉后加入营养粉搅拌均匀盛盘。

📋 一餐营养分析　热量124.4千卡

	分量		分量
蛋白质	21.3克	膳食纤维	1414毫克
脂肪	3.2克	钠	110.0毫克
碳水化合物	3.2克	磷	215.8毫克
水分	106.0克	牛磺酸	150.0毫克↑
		钙磷比	1.1：1

含水营养比例

77.8%　　15.6 2.3% 2.3%

脱水（DM）营养比例

70.0%　　10.5% 10.6%

🔲 水分　🔲 蛋白质　🔲 脂肪　🔲 碳水化合物

海鲜类食谱　雪白羹

难易度 🐾🐾🐾

鱼皮冻

好味小姐
  果冻可以说完全就是用水做成的料理啊！而且浓浓的鱼汤味还会让猫咪很着迷，默默的就喝了一堆水下去啊～

好味营养师
  海草鱼除了肉质富含营养外，其实鱼皮更富含胶原蛋白，很适合作为鱼冻的凝固剂，锁住汤头营养的同时，让猫咪补充更多水分。

食材（1餐份）

带皮海草鱼 50克
三文鱼 20克

营养补充品（1餐份）

方案一	好味营养粉 1.5匙	
方案二	牛磺酸 150.0毫克	钙 180.0毫克
	铁 2.2毫克	锌 1.8毫克
	综合维生素 依产品指示	

跟着做 鱼皮冻

1. 将带皮海草鱼切成长条大块放入汤锅，倒入刚好淹过海草鱼肉的清水煮沸；
2. 放入三文鱼块煮熟后取出捏碎备用；
3. 持续炖煮鱼皮至水量减少为原本的一半（约30分钟）；
4. 将海草鱼皮汤倒入密封盒放凉，加入营养品搅拌均匀；
5. 撒上三文鱼碎肉冷藏至凝固后盛盘。

一餐营养分析 热量121.0千卡

	分量		分量
蛋白质	15.8克	膳食纤维	150.0毫克
脂肪	6.0克	钠	35.0毫克
碳水化合物	0.1克	磷	149.0毫克
水分	47.6克	牛磺酸	150.0毫克↑
		钙磷比	1.37∶1

含水营养比例
66.6%   22.0% 8.3% 0.1%

脱水（DM）营养比例
66.0%   25.0% 0.4%

水分   蛋白质   脂肪   碳水化合物

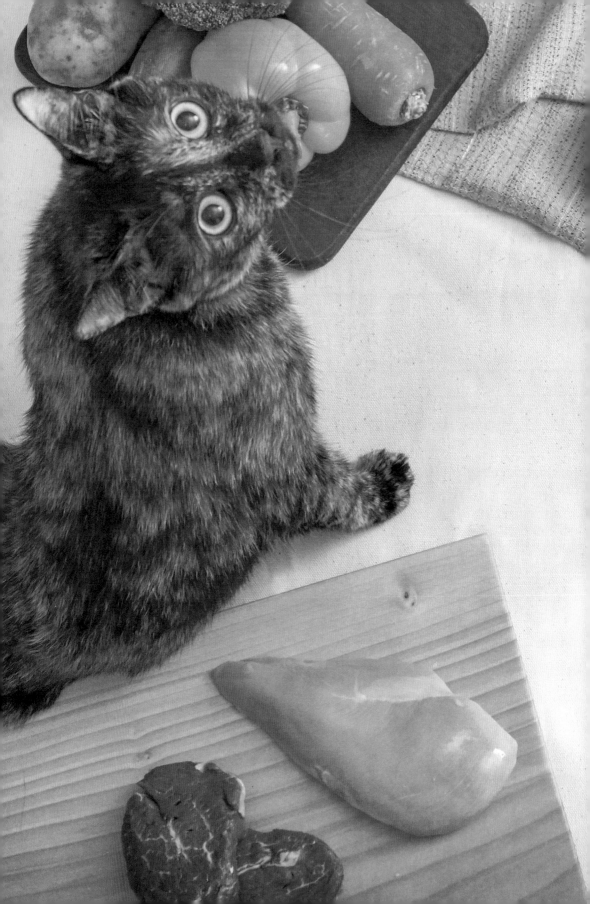

猫特定食谱

不想在混入营养粉时破坏料理的造型？搭配特制的猫咪酱料，就可以让猫鲜食料理美美上桌！

营养粉酱料

好味小姐

　　想要做一些特别料理当正餐，像是蛋糕、丸子、炸虾之类，那就不能加营养品搅拌啦，这个时候用酱料混合营养品，就可以解决这个问题！

好味营养师

　　蘸酱系列是以猫咪接受度较高的鸡肉、鲷鱼做基底搭配蔬菜及根茎类做天然调色，最后添加营养粉调配作为酱料使用，让猫咪享用特别的餐点也能顾及营养均衡。

酱料作用

营养补充品（1餐份）

蘸酱的功能是用于均匀混合营养粉，搭配猫定食一起食用，满足猫咪1餐所需的营养，3种蘸酱能任意选配。可预先做好约1周的蘸酱分量，做好料理后取适量蘸酱混合营养品，与料理搭配即可。

方案一　好味营养粉 1.5匙

方案二　牛磺酸 150.0毫克
　　　　钙 200.0毫克
　　　　铁 2.0毫克
　　　　锌 2.0毫克
综合维生素 依产品指示

猫白酱

 食材（10餐份）

鸡胸肉 50克
马铃薯 50克
橄榄油 10克

 跟着做 猫白酱

1. 马铃薯削皮，与鸡胸肉切小块一起蒸熟；
2. 熟的食材放入搅拌机；
3. 加入橄榄油与少量清水后，打成泥状冷藏保存；
4. 食用前挖一匙放至室温，拌入营养品后搭配餐点享用。

猫青酱

 食材（10餐份）

鲷鱼 50克
西蓝花 25克
马铃薯 25克
橄榄油 10克

 跟着做 猫青酱

1. 马铃薯削皮切小块，鲷鱼切小块、西蓝花切小朵一起蒸熟；
2. 熟的食材放入搅拌机；
3. 加入橄榄油与少量清水后，打成泥状冷藏保存；
4. 食用前挖一匙放至室温，拌入营养品后搭配餐点享用。

猫咖喱酱

 食材（10餐份）

鸡胸肉 50克
南瓜 50克
橄榄油 10克
姜黄粉 适量

 跟着做 猫咖喱酱

1. 南瓜削皮去籽切小块，与鸡胸肉切小块一起蒸熟；
2. 熟的食材放入搅拌机；
3. 加入橄榄油与少量清水后，打成泥状；
4. 冷却后加入姜黄粉搅拌均匀，冷藏保存；
5. 食用前挖一匙放至室温，拌入营养品后搭配餐点享用。

难易度 🐱🐱🐱
猫炸虾

好味小姐

　　猫炸虾做起来真的会很有成就感！要注意的地方是南瓜丁不太好粘黏，建议大家多切一些，并且切得碎一点，就会更好粘黏喔。

好味营养师

　　白虾营养丰富且有着较浓郁的海味，受到许多猫咪喜爱，但建议一周2~3次并搭配其他食材如鸡肉、鲷鱼，这样可以避免猫咪挑食喔！

食材（1餐份）

鸡胸肉 60克　　　　南瓜 20克

白虾 2只　　　　　　橄榄油 2克

建议蘸酱

猫白酱 1份

跟着做 猫炸虾

1．南瓜去皮去籽切末备用，鸡胸肉剁成泥状，白虾去壳留下尾巴后去除虾肠；

2．将鸡胸肉与橄榄油搅拌均匀，包裹白虾；

3．包裹好的白虾粘满南瓜碎末后放进蒸锅蒸熟（约15分钟）；

4．放凉后搭配混合营养品的猫白酱盛盘（酱料可任意搭配）；

5．给猫咪享受时，记得将虾尾剥除喔。

一餐营养分析　热量126.0千卡

	分量		分量
蛋白质	20.4克	膳食纤维	640.0毫克
脂肪	2.8克	钠	103.0毫克
碳水化合物	3.5克	磷	219.0毫克
水分	85.0克	牛磺酸	150.0毫克↑
		钙磷比	1.03：1

含水营养比例

75.0%　　18.0%　2.5%　3.0%

脱水（DM）营养比例

71.5%　　10.0%　12.0%

水分　蛋白质　脂肪　碳水化合物

难易度 🐱🐱🐱

猫鸡排

好味小姐

简单的整片鸡肉，用烘烤的方式制作，吃起来不会觉得湿腻的，香气浓缩的美味很适合刚开始尝试鲜食的猫咪喔！

好味营养师

猫咪对鸡肉的接受度较高，地瓜甘甜的味道也很受喜爱，虽然是淀粉类，但地瓜纤维质丰富，适合适量添加于料理中增加料理口味的多元性。

猫特定食谱　猫鸡排

食材（1餐份）

鸡胸肉 70克
鸡蛋 半个
地瓜 30克

建议蘸酱

猫咖喱酱 1份

跟着做　猫鸡排

1. 将鸡胸肉从侧面剖成两片，取一片备用（约70克）；
2. 地瓜削皮切碎末、鸡蛋打散备用；
3. 将鸡胸肉沾上蛋液后再裹上地瓜碎末；
4. 放入烤箱开150℃，烤约15~20分钟至熟透；
5. 放凉后搭配混合营养品的猫咖喱酱盛盘（酱料可任意搭配）。

一餐营养分析　热量146.5千卡

	分量		分量
蛋白质	19.5克	膳食纤维	890.0毫克
脂肪	3.2克	钠	88.0毫克
碳水化合物	8.8克	磷	220.0毫克
水分	95.8克	牛磺酸	150.0毫克↑
		钙磷比	1：1

含水营养比例

74.2%　　15%　2.5% 6.8%

脱水（DM）营养比例

59.0%　　9.5%　26.4%

水分　蛋白质　脂肪　碳水化合物

猫蛋包饭

好味小姐

　　湿润的蛋包香气更浓郁，推荐给第一次尝试蛋料理的猫咪。蛋包制作比较困难，多花一些时间，用小火慢慢制作成形，成功概率会比较大喔！

好味营养师

　　利用味道浓郁的奶油来制作蛋包饭，提升了鲜食对猫咪的吸引力，搭配高纤南瓜及抗氧化姜黄的猫咖喱，色香味俱全，很适合初尝鲜食的猫咪。

🥩 食材（2餐份）

白虾 2只	鸡蛋 1个
鸡里脊 100克	无盐奶油 5克

🍥 建议蘸酱

猫咖喱酱 2份

🍳 跟着做 猫蛋包饭

1. 鸡里脊切成猫咪好入口的小丁，白虾去壳去虾肠切小丁，鸡蛋打散备用；
2. 一半奶油放入平底不粘锅，倒入鸡肉丁和白虾丁炒熟后起锅放凉；
3. 热锅放入剩下的奶油后倒入打散的蛋液；
4. 快速搅拌蛋液至半熟后，将蛋液往锅边集结成椭圆状蛋包起锅；
5. 放凉的鸡肉丁与虾丁塑形成椭圆状，放上蛋包并从中剖开，让蛋皮包住鸡丁；
6. 放凉后搭配混合营养品的猫咖喱酱盛盘（酱料可任意搭配）。

📋 一餐营养分析 热量125.0千卡

	分量		分量
蛋白质	19.0克	膳食纤维	140.0毫克
脂肪	5.0克	钠	104.0毫克
碳水化合物	0.5克	磷	193.0毫克
水分	70.0克	牛磺酸	150.0毫克↑
		钙磷比	1.2：1

含水营养比例

73.0%　　19.5% 5.2% 0.5%

脱水（DM）营养比例

72.4%　　19.2% 1.8%

⬜ 水分　🟦 蛋白质　⬛ 脂肪　⬛ 碳水化合物

难易度 🐱🐱🐱

猫汉堡

猫特定食谱　猫汉堡

好味小姐
　　层层叠叠的料理，总有一层是猫咪喜欢的吧！在拆解汉堡的过程中，就有机会让猫咪吃到更多种的食材喔！不过每次吃完后，桌面都会一团乱啊～

好味营养师
　　一年四季都能买到的圆白菜，含有丰富的钾及钙质，洗干净生食更能保留水溶性的维生素B、维生素C，而且猫咪们都意外的很喜欢啊！

🥩 食材（1餐份）

鸡里脊 70克	圆白菜 10克
三文鱼 20克	橄榄油 2克

🍶 建议蘸酱

猫青酱 1份

 **跟着做 猫汉堡**

1. 将鸡里脊剁成泥，圆白菜切成丝备用；
2. 将鸡里脊与橄榄油混合均匀捏成丸状，与三文鱼块一起蒸熟；
3. 鸡肉丸放凉后从侧面剖开当作汉堡皮；
4. 将圆白菜、三文鱼及混合营养粉的猫青酱放入鸡肉堡中盛盘（酱料可任意搭配）。

📋 一餐营养分析　热量128.0千卡

	分量		分量
蛋白质	22.0克	膳食纤维	340.0毫克
脂肪	3.6克	钠	57.0毫克
碳水化合物	0.5克	磷	198.0毫克
水分	76.0克	牛磺酸	150.0毫克↑
		钙磷比	1.01：1

含水营养比例
73.5%　21.2% 3.5% 0.4%

脱水（DM）营养比例
80.0%　13.2% 1.6%

水分　蛋白质　脂肪　碳水化合物

猫狮子头

好味小姐
　　丸子类的料理在我们家一直都很受欢迎，因为做成丸子之后，肉汤跟营养都会被锁在丸子里，咬起来就会有满满的肉汁，麻糊跟本丸都很喜欢!

好味营养师
　　纯牛肉馅制作较易散开，而剁成泥的鸡肉黏着力强，很适合添加入丸子中让它定形，此外制作成丸状的方式，也可以减少食材的营养流失。

食材（1餐份）

牛后腿肉 50克　　　　橄榄油 3克
鸡里脊 35克

建议蘸酱

猫咖喱酱 1份

跟着做 猫狮子头

1．鸡里脊、牛后腿肉剁成泥状；
2．将鸡肉泥、牛肉泥、橄榄油一起混合搅拌均匀；
3．将肉馅做成丸子状，放入蒸锅中蒸熟（约15分钟）；
4．起锅后放凉，搭配混合营养品的猫咖喱酱盛盘（酱料可任意搭配）。

一餐营养分析 热量124.0千卡

	分量		分量
蛋白质	17.5克	膳食纤维	140.0毫克
脂肪	5.5克	钠	47.0毫克
碳水化合物	1.9克	磷	180.0毫克
水分	62.7克	牛磺酸	150.0毫克↑
		钙磷比	1.1：1

含水营养比例

70.0%　　19.6% 6.0% 2.0%

脱水（DM）营养比例

65.5%　　20.4% 7.0%

水分　蛋白质　脂肪　碳水化合物

猫特定食谱　猫狮子头

难易度 🐾🐾🐾

猫的牛轧糖

好味小姐

用猫咪最爱的肉包裹少量平常不爱吃的食材，让猫咪一起吃掉最方便了。用微波炉就可制作，不但快速方便，也好保存，很适合多做一些冷冻保存。

好味营养师

地瓜及胡萝卜都富含钾、镁、维生素C、维生素B_6，以及丰富的膳食纤维，猫咪对它们的口味接受度也很高，很适合加在各种鲜食中喔！

 食材（1餐份）

鸡里脊 85克
地瓜 10克
胡萝卜 10克
橄榄油 2克

建议蘸酱

猫青酱 1份

 跟着做 猫的牛轧糖

1．将鸡里脊肉剁成泥，地瓜与胡萝卜削皮后切成小丁；
2．鸡肉泥、地瓜、胡萝卜丁与橄榄油混合搅拌均匀，以保鲜膜包起塑形成方形；
3．放进微波炉中微波约2分钟至全熟；
4．放凉后切成猫咪好入口的小块；
5．搭配混合营养品的猫青酱呈盘（酱料可任意搭配）。

一餐营养分析 热量126.0千卡

	分量		分量
蛋白质	20.8克	膳食纤维	650.0毫克
脂肪	2.5克	钠	64.0毫克
碳水化合物	3.7克	磷	183.0毫克
水分	80.0克	牛磺酸	150.0毫克↑
		钙磷比	1.1：1

含水营养比例
73.9%　19.2% 2.3% 3.4%

脱水（DM）营养比例
73.3%　9.0% 13.0%

水分　蛋白质　脂肪　碳水化合物

猫特定食谱 猫的牛轧糖

难易度 🐱🐱🐱

猫卷圆白菜

 好味小姐
　　半熟圆白菜在卷肉馅时容易破裂，可以注意不要包太厚，往左右延伸一点包成椭圆状，就不会因为叶片破裂，在蒸煮过程中让肉汤流掉啦。

 好味营养师
　　圆白菜的处理变化多元，各种制作方式都很适合，钙含量在蔬菜中更是名列前茅，清炒、清蒸或生食的方式最能保留圆白菜的营养。

🥩 **食材**（1餐份）

鸡里脊　80克
白虾　1只
圆白菜　25克
橄榄油　2克

🍲 **建议蘸酱**

猫白酱　1份

🍳 **跟着做　猫卷圆白菜**

1. 将鸡里脊剁成泥、白虾去壳去虾肠后切小丁；
2. 鸡肉泥、白虾丁加入橄榄油，搅拌均匀；
3. 整片圆白菜氽烫至半熟、柔软状，放凉备用；
4. 将肉馅放进圆白菜叶中卷成菜卷，放进蒸锅中蒸熟（约15分钟）；
5. 放凉后切块，搭配混合营养品的猫白酱盛盘（酱料可任意搭配）。

📋 **一餐营养分析**　热量126.0千卡

	分量		分量
蛋白质	23.0克	膳食纤维	640.0毫克
脂肪	2.6克	钠	87.0毫克
碳水化合物	1.0克	磷	213.0毫克
水分	95.0克	牛磺酸	150.0毫克↑
		钙磷比	1.01：1

含水营养比例
77.0%　18.7% 2.1% 0.9%

脱水（DM）营养比例
81.2%　9.2% 4.0%

水分　蛋白质　脂肪　碳水化合物

猫汤圆

好味小姐

猫汤圆浓缩了海草鱼的香气，加上好入口的丸子形状，很受到家里六只猫的喜爱！只是很多猫咪会咬着丸子到处跑，可能会弄得到处都是喔！

好味营养师

海草鱼又称牛奶鱼，跟鸡里脊同为高蛋白质、低脂肪含量且低胆固醇的肉类，也因质地细致，所以很适合做成口感扎实多汁的汤圆喔！

 食材（1餐份）

鸡里脊 25克
海草鱼柳 45克

建议蘸酱

猫白酱 1份

 跟着做 猫汤圆

1. 将鸡里脊及海草鱼柳切剁泥，混合搅拌均匀；
2. 肉泥搓成4~5颗汤圆，放入滚水中煮熟（约5分钟）；
3. 汤圆起锅后放凉；
4. 搭配混合营养品的猫白酱盛盘（酱料可任意搭配）。

一餐营养分析 热量125.0千卡

	分量		分量
蛋白质	16.0克	膳食纤维	140.0毫克
脂肪	4.6克	钠	33.0毫克
碳水化合物	0.1克	磷	141.0毫克
水分	49.0克	牛磺酸	150.0毫克↑
		钙磷比	1.43：1

含水营养比例

70.0%　　21.6% 8.7% 0.1%

脱水（DM）营养比例

65.3%　　26.4% 0.4%

水分　蛋白质　脂肪　碳水化合物

海鲜烘蛋

好味小姐

这道料理只要一端上桌，看起来真的特别厉害，大家看到都觉得当你的猫咪很幸福啊～不过因为铸铁锅的蓄热力很好，要小心不要把底部煎焦喔！

好味营养师

简单好做的烘蛋，很适合用来偷藏一些挑食猫咪不爱吃的食材，但需要注意生蛋清中含有会影响维生素B_1吸收作用的成分，要彻底煮熟再给猫咪吃喔！

🟫 **食材**（2餐份）

鲷鱼 100克　　　西蓝花 10克
鸡蛋 1个　　　　地瓜 10克
甜椒 10克　　　　橄榄油 5克

🥣 **建议蘸酱**

猫青酱 2份

跟着做 海鲜烘蛋

1. 甜椒、西蓝花、鲷鱼切丁，地瓜削皮后切丁；
2. 鸡蛋分离出蛋黄后将蛋清打散备用；
3. 铸铁锅预热、倒入橄榄油，将甜椒、西蓝花、鲷鱼丁炒至半熟；
4. 倒入蛋清液煎至半熟后，在食物中间放上完整蛋黄；
5. 加少量清水盖上锅盖，焖煮至鸡蛋全熟（约5分钟）；
6. 放凉后搭配混合营养品的猫青酱盛盘（酱料可任意搭配）。

📋 **一餐营养分析** 热量123.4千卡

	分量		分量
蛋白质	12.8克	膳食纤维	445.0毫克
脂肪	6.8克	钠	65.0毫克
碳水化合物	3.7克	磷	139.0毫克
水分	71.0克	牛磺酸	150.0毫克↑
		钙磷比	1.56：1

含水营养比例

73.6%　　13.2%　7.0%　3.8%

脱水（DM）营养比例

50.0%　　　26.6%　14.3%

■ 水分　■ 蛋白质　■ 脂肪　■ 碳水化合物

猫特定食谱　海鲜烘蛋

附录

猫咪热量需求表

猫咪状态特性	每日热量需求（千卡）
1岁以下幼猫　1千克	175
1岁以下幼猫　1.5千克	237
1岁以下幼猫　2千克	294
1岁以下幼猫　2.5千克	348
1岁以下幼猫　3千克	398
已绝育成猫平均3千克	192
已绝育成猫平均4千克	228
已绝育成猫平均5千克	264
已绝育成猫平均6千克	300
已绝育成猫平均7千克	336
已绝育成猫平均8千克	372

备注：幼猫需要许多热量来满足成长需求，建议持续提供适合饮食，让幼猫少量多餐吃到饱！

鸡鸭类各项食材参考热量

食材	单位	热量（千卡）
去皮鸡胸肉	100 克	104
鸡里脊肉	100 克	109
鸡腿肉（带皮）	100 克	157
鸡腿肉（去皮）	100 克	120
去皮鸭肉平均	100 克	106
鸡心	100 克	190
鸡肝	100 克	111
鸡蛋	1 个（约 55 克）	68
蛋清	1 个（约 39 克）	20
蛋黄	1 个（约 17 克）	52
鹌鹑蛋	1 个（约 8 克）	13.7

牛羊类各项食材参考热量

食材	单位	热量（千卡）
牛后腿肉	100 克	122
牛板腱肉	100 克	166
牛里脊	100 克	184
羊前腿肉	100 克	123

海鲜类各项食材参考热量

食材	单位	热量（千卡）
白虾	100 克（一只约 12 克）	103
三文鱼	100 克	158
鲷鱼	100 克	110
海草鱼柳	100 克	179
扁鳕	100 克	190
旗鱼	100 克	111
鲭鱼	100 克	375

蔬菜及其他食材参考热量

食材	单位	热量（千卡）
胡萝卜	100克	39
白萝卜	100克	18
小黄瓜	100克	13
西蓝花	100克	28
圆白菜	100克	23
甜椒	100克	33
香菇	100克	39
番茄	100克	16
玉米笋	100克	31
黑木耳	100克	38
白木耳	100克	22
秋葵	100克	36
地瓜	100克	121
马铃薯	100克	77
南瓜	100克	74
山药	100克	87
奶酪	100克	309
无盐奶油	100克	733
橄榄油	100克	884
鲜乳	100克	62
无糖酸奶	100克	97